いちばんやさしい

SEO

株式会社グリーゼ
福田多美子［著］

入門
教室

改訂
第2版

ソーテック社

本書を手に取っていただき、ありがとうございます。

本書は「いちばんやさしい SEO 入門教室」の 2017 年初版以来、約 7 年ぶりの改訂第 2 版になります。

前回と同様に、SEO の基礎知識や最低限知っておいてほしいことを中心に、モバイル対応、音声や SNS からの検索、動画 SEO などの動向、さらには ChatGPT の危険性と活用術などを加え、AI 時代の SEO についても触れています。

対象読者
- これからサイトを立ち上げる SEO 初心者
- 検索順位をもっと上げたい Web 担当者

本書の目的

SEO に関する書籍がたくさんあるなかで、本書が目指しているのは「わかりやすさ」です。こんな工夫をしています。

ポイント① 図解とキャプチャでわかりやすく！

文章での説明だけではなく、図解やキャプチャを入れながら説明しています。コミカルなイラストもありますので、楽しく読んでいただけると思います。改訂版は少しだけボリュームアップの全 264 ページなので、まずはイラストだけ見ながら、パラパラとめくっていただくだけでもかまいません。

ポイント② 会話でイメージしやすく！

各レッスンの冒頭では受講生と講師との会話を入れています。「こんなケースあるよね…」「こんなシーンも思い浮かぶね〜」と共感して読んでいただけると思います。SEO に対する素朴な疑問や取り組みながら感じる苦悩などをリアルに描いていますので、ご自身と重ねながらお読みいただけます。

ポイント③ 事例でリアルに！

　実在のWebサイトでの事例を紹介しています。Webサイトを漠然と眺めるのではなく、なぜ成功しているのかを考えながら実際のWebサイトを見にいってください。良いWebサイトをたくさん見ることも、勉強です！

ご注意

　すでにSEOに取り組んでいる方にとっては「それは知っている」「わかっている」ということが多く、物足りないかもしれません。目次や索引をご覧いただき、さらに本編をパラパラと見ていただいてからご判断ください。

　本書が、みなさまのお役に立てますように！

2024年7月
株式会社グリーゼ　代表取締役社長
福田多美子（ふくだたみこ）

CONTENTS

Chapter 1

SEOってなに？〜基礎知識編〜

Chapter 2

キーワードを決めよう～SEO準備編～

Chapter 3

SEOに最適なWebサイト制作～サイト構築編～

Chapter 4

良質なコンテンツの作り方～コンテンツ対策編～

Chapter 5

良質なリンクの集め方～リンク対策編～

Chapter 6

業種別・目的別のSEO

Chapter 7

Webサイトを分析する

本書ご利用にあたっての注意事項

Chapter 1

SEOってなに？
〜基礎知識編〜

「検索」が日常的に行われる毎日。スマートフォンの普及、音声検索の一般化などによって、「検索」は生活の一部になりました。

Webサイト運営者にとっては、積極的に情報を探す「検索ユーザー」と出会うことが、成功への第1歩になります。

Webサイトへの集客＆アクセスアップを目指し、SEOに取り組みましょう。

Lesson
1-1

サイトをたくさんの人に見てもらいたい!

SEOとはなにか?

「何か調べたい」「どこどこへ行きたい」「方法を知りたい」というとき、あなたはどんな行動をとりますか? 「人に聞く」「雑誌や本を買う」……いえいえ、「インターネットで検索する」という人がほとんどではないでしょうか? スマートフォンやタブレットのユーザーも増え、ますます「検索する」という行為が身近になってきました。逆に考えると、Webサイト運営者にとっては、自分のWebサイトが検索結果の何位に出てくるかがとても重要だということになります。では1位になるためには、どうしたらいいのでしょうか?

僕は、インターネットでコーヒー豆を売りたくて、先日Webサイトを立ち上げました。まだほとんど売れてなくて…まずは、Webサイト訪問者を増やしたいと思っています。

集客ですね。どんなにステキなものを売っていても、どんなに素晴らしい情報を発信していても、誰も見に来てくれなければ「存在しない」のと同じですもんね。

存在しない……、とは毒舌ですね(汗)
私はハワイが好きで、ハワイ旅行やハワイアン雑貨のことをブログに書いています。まだ知り合いしか見てくれなくって……もっとたくさんの人に見てほしいんです。

インターネットで多くの人を集めたいと思ったら、SEOをがんばるしかありません。広告費をかける手もありますが、長い目で考えるとSEOは必須で取り組むべきですよ。

SEO? 難しそうで拒否反応が……

SEOとは

SEOとは「Search Engine Optimization（サーチ・エンジン・オプティマイゼーション）」の略で、「**エス・イー・オー**」と読みます。日本語では「**検索エンジン最適化**」とも呼ばれ、インターネットでWebサイトへの訪問者を増やしたいときに行う取り組みです。

特定のキーワードで、自社のWebサイトを検索結果の上位（1ページ目の上のほう）に表示させるためにはどうしたらよいかを考え、対策することを「**SEO**」と呼びます。

例えば「マナー講座」と検索すると、**図1-1-1**のような検索結果が表示されます。上の2つは「スポンサー」と書いてあるとおり、リスティング広告です。広告は広告費が切れれば表示されなくなるので、3つ目以降が自然検索トップ3になります。自然検索の上位への表示を狙っていくことが、SEOです。

図1-1-1 Googleの検索結果

リスティング広告

自然検索のトップ3

MEMO ///

リスティング広告については、Lesson 1-6「リスティング広告と自然検索の使い分け」の「リスティング広告とは」➡P.33を参照してください。

MEMO //

自然検索とはGoogleやYahoo! Japanなどの検索エンジンにおいて、広告と対比して使われる言葉です。

検索結果の画面に表示される各Webサイトのなかで、広告（リスティング広告）以外のWebサイトのことを、自然な検索の結果という意味で「自然検索」、「オーガニック検索」（Organic Search）と呼びます。

SEOは難しい？

　以前は、SEOに取り組むためにはWebの構造、HTMLのタグ、キーワードの出現頻度などいろいろな知識が必要だと言われていました。専門的な知識や、業界での最新情報も求められる分野のため、SEOの専門業者に依頼して、高額な費用をかける企業、ECサイトも多かったのです。

　ところが今は、Googleが**「コンテンツ重視で順位を決める」**という方針を強く打ち出しています。つまり「良質なコンテンツ」や「役に立つコンテンツ」をたくさん掲載しているWebサイトが、Googleから評価されるようになりました。

　Googleからの評価が上がるということは、Googleの検索エンジンでの順位が上がるということを意味しています。

ここでちょっと考えてみてください

　私たちWebサイト運営者にとって、Webサイトに訪問する**お客様にとって役に立つコンテンツを作ることは、当たり前**のことですよね。Webサイトに新しいコンテンツを盛り込む際、「お客様にとって必要な情報かどうか」「お客様にとって有益な情報かどうか」「書いてある内容が真実かどうか」など、コンテンツが良質であるかどうかを常に吟味しています。

　Webサイト運営者が**「お客様のため」を考えて取り組んでいることが、そのままGoogleの評価につながり順位が上がるようになった**ということは、SEOに取り組みやすくなったと言えるのではないでしょうか？

　このように、良質なコンテンツを作ることによって検索エンジンの順位を上げようという取り組みのことを、**「コンテンツSEO」**と呼びます。

　過去にSEOの専門業者が多く活躍していた時代から、**誰でもSEOに取り組める時代**になりました。本書を読んで、SEO（特にコンテンツSEO）にしっかり取り組んでください。

SEOの心得

SEOに取り組み、あれこれサイトを改善していくと「キーワードは何にすればいいんだろう？」「どんなコンテンツを作ればいいだろう？」「タグって何だろう？」「リンクも必要なの？」「競合が1位にいてなかなか抜けない」「順位が下がってきた」など、さまざまな課題にぶつかると思います。

SEOでもっとも大切なことは、「お客様の気持ちを考えること」です。**どんな課題にぶつかったとしても、「お客様の気持ちはどうなのだろう」と考えてください。**

図1-1-2 お客様はどんな気持ちで検索するのか想像しよう

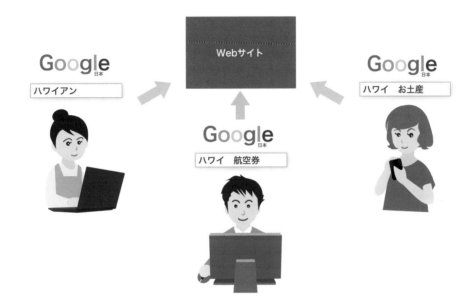

例えば、ハワイアン雑貨やハワイアンジュエリーを紹介したいと思ったら、ハワイ好きのお客様のことを思い浮かべてみてください。**お客様はどんなキーワードを検索窓に入力するでしょうか？**そのキーワードをクリックしてWebサイトに訪問した方には、**どんなページを見せれば満足してもらえるでしょうか？**

SEOにおいて検索順位を上げることだけに集中してしまうと、こういった**当たり前の考え方を忘れてしまいがち**です。「**お客様の気持ちを考えること**」が**SEOの最重要ポイント**ですので、忘れないでください。

COLUMN ○ ○ ○ ○ ○ ○ ○ ○ ○ ○

「ググる」からわかる!?　シェアナンバーワンの検索エンジンとは？

　インターネット上のWebサイトを検索するための「検索エンジン」は、国内外にさまざまなものがあります。2024年6月現在、国内外でのシェアナンバーワンは、Googleです。

　中国は、「百度」という企業が提供する「Baidu」という検索エンジンがシェア第1位になっていますが、アメリカ、イギリス、フランス、ドイツ、韓国、台湾、オーストラリア、シンガポール、タイなどでも、Googleのシェアが最も高くなっています。

　Googleのシェアは、PC検索の場合もスマートフォン検索の場合も同じく1位です。

　日本では、Yahoo! JAPANも検索エンジンとして有名ですが、シェアは第2位。現在、Yahoo! JAPANはGoogleと提携関係にあり、実質Googleの検索エンジンのアルゴリズムを利用しています。つまり、Googleでの順位とYahoo! JAPANでの順位は、ほぼ同じということになります。

　SEOを行う際は、基本的にGoogle対策を行えばよいと考えて問題ないでしょう。

　本書では、「検索エンジン＝Google」と捉えて説明を行っていきます。

図1-1-A GoogleとYahoo! JAPANは提携関係にある

COLUMN ○ ○ ○ ○ ○ ○ ○ ○ ○ ○

生成AIの登場によって変わる!?　検索エンジンの世界

　生成人工知能（生成AI）とは、人工知能の一種です。膨大なデータを学習することによって、文章、画像、音楽などの新しいコンテンツを作成することが得意です。ChatGPTのような対話型の生成AIを使うと、検索エンジンと同様に知りたい情報を調べることができます。

　今後、生成AIが検索エンジンにさまざまな影響を与えることが予測されています。

図1-1-B　検索エンジンと生成AI

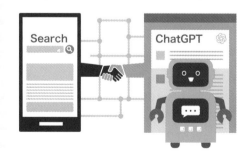

Lesson 1-2

本気で取り組んだらいいことある？

SEOをがんばる3つの理由

Webサイトを立ち上げた後、やるべき施策はたくさんあります。最近はSNSが流行っているので、Facebook、X、Instagram、LINEなどを活用してファンを増やすという方法もあります。広告もうまく活用すれば、低価格で多くの集客を見込めるかもしれません。

そんななかで、なぜSEOをがんばらなければならないのでしょうか？

「Webサイトへの訪問者数を増やしたいなら、SEOをがんばれ！」というのはわかりましたが、がんばればすぐに成果が出ますか？

う〜ん、それは何とも言えません。すぐに成果が出る場合もあれば、半年、1年くらいかかる場合もあります。

1年？ そんなに気持ちが続きません。私、飽きっぽいので…。

飽きっぽくても、時間がかかっても、SEOをがんばってください。ここでは、その理由を説明しましょう。

▌ SEOの効果① 新しい出会いが増える

Webサイトへの訪問者は、**どこからやってくると思いますか？**

メルマガを配信していれば、メルマガ読者がリンクをクリックして、Webサイトにやってくるかもしれません。FacebookやXなどのSNSで情報発信を行っていれば、投稿文にリンクを張ってWebサイトに誘導することもできるでしょう。一度訪問したお客様がブックマークやお気に入り登録をしてくれれば、リピート訪問の可能性もあります。

ただし、インターネットユーザーの多くは、**検索エンジン経由でWebサイトに訪問するケースがまだまだ多い**です。あるアンケートでは「8割が検索エンジン経由」というデータもあるほどです。自分自身、どんなふうにインターネットを利用しているかを考えれば、「検索エンジン経由がほとんど」というケースも多いと思います。

つまり、SEOをがんばって検索結果の上位表示ができれば、**新しいお客様に見つけてもらいやすくなる**ということです。

新しい出会いがバンバン増える。それがSEOをがんばる最大の理由、「モチベーション」です。

図1-2-1 SEOを通じてお客様との新しい出会いが生まれる

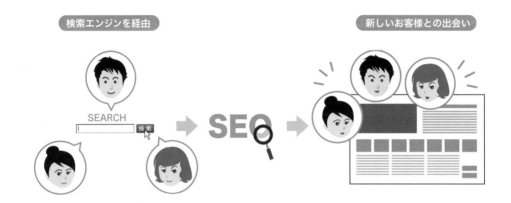

SEOの効果②
緊急度が高く、急いでいるお客様と出会える

想像してみてください。「ハワイ　旅行　格安」と検索している人はどういう人でしょう？　「ハワイ旅行に格安で行きたいと思っている人」ですよね。「渋谷　ランチ　イタリアン」と検索している人は、「渋谷でランチを食べようとしていて、イタリアンがいいな〜と思っている人」でしょう。

検索している人は、目的があって緊急度も高く、急いでいる場合が多いということがわかります。こういう**やる気のあるお客様こそ、Webサイトに来てもらって注文してほしい**ですよね。

検索しているお客様を獲得することは、**売り上げに直結する**ということです。検索しているお客様としっかりつながるためにも、自分のWebサイトを1位に（1位に近いところに上位表示）しておくことが求められます。これもSEOをがんばる理由になります。

ぼんやりインターネットサーフィンしている人を、なんとなく待っているだけでいいですか？それとも**積極的にキーワードを打ち込んで探している人**と、確実に出会っていきたいですか？

図1-2-2 SEOは売上に直結するやる気のあるお客様を連れてくる

SEOの効果③ 無料で集客できる

　インターネットでの集客を考えると、広告がいちばん手っ取り早いと思います。特にリスティング広告は、出稿してすぐに掲載されますし、クリックに応じて費用が発生するので、初心者でもはじめやすい広告といえるでしょう。

　ただし、広告に頼って集客している限り、**広告費がかかり続けてしまいます**。集客を増やそうと思えば思うほど、**広告費用も高くなっていく**ことは予測できます。

　「広告はやらないほうがいい」ということではありません。広告もうまく活用したいですが、SEOによる集客も忘れないでください。**検索順位が上がるまでに時間がかかるという難点もありますが、SEOでの掲載は無料**です。

図1-2-3 SEOはお金のかからない集客方法

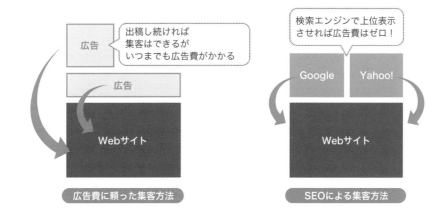

Lesson
1-3

対策を練る前に知っておこう！

検索エンジンの仕組み①
世界中のサイトを見極める

GoogleやYahoo! JAPANなどの検索エンジンは、世の中にある大量の
Webサイトの中からキーワードにマッチするWebサイトを見つけ、「あな
たが探している情報は、ここに書いてありますよ」「あなたのお困りごとは、
ここで解決できそうですよ」と提案してくれるサービスです。提案はぴった
り合いそうなWebサイトから順番に、1位、2位、3位と順番を付けてくれる
ので、私たちユーザーは割と素直に1位から順にクリックしていくのではな
いでしょうか？

最近、どんなことを検索しましたか？

パソコンの調子が悪くて「パソコン　修理」と検索しました。
パソコン修理の専門店が出てきたり、パソコン修理の料金
が出てきたりして役立ちました。

僕は飼っている猫が爪切りをさせてくれなくて「猫　爪切り」
と検索したら、上手に爪を切る方法や、失敗しないコツ、
動画も出てきましたね。ドンピシャな提案で助かりました。

検索エンジンは日々賢くなっていて「検索している人が
知りたい情報は何か」を考え、検索結果を表示して
くれます。今回は、Googleがどんなふうに検索結果
を表示しているのか、その仕組みを説明します。

世界中のインターネットを駆け巡る「クローラー」

　最適な提案をするためには、**最初に情報収集が必要**です。「クローラー」というロボット（プログラム）は、24時間365日インターネット上をめぐりめぐっていて、どんなWebサイトがあるかを確認し、集めています。

　クローラーがインターネット上のWebサイトを廻っていく手がかりになるのが「リンク」です。リンクがなければ、さすがの「クローラー」もそのWebサイトを発見することができません。

　Webサイト運営者は、**ページ内リンクを張ってすべてのページに行き来できるようにしておくことが大事**です。また、他のWebサイトから自社のWebサイトへリンクを張ってもらえると効果的です。

　ただ、Webサイトオープン直後に外部のWebサイトからのリンクを獲得するのは難しいかもしれません。その場合は、Googleに対して「新しいWebサイトができました」ということを知らせることができます。

　この方法については、「Lesson 3-7 サイトマップの作成とGoogleへの通知」 ➡ P.115で説明します。

図1-3-1 検索エンジンの仕組み

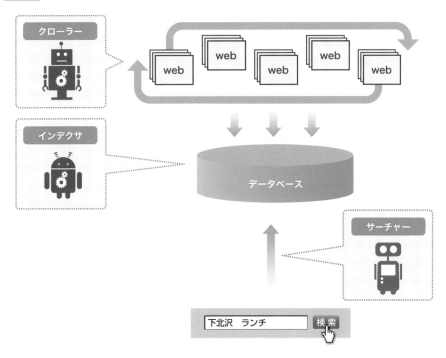

印をつけて整理する「インデクサ」

集めたWebサイトを、**Googleのデータベースに登録して整理するのが「インデクサ」**というロボットです。

「インデックス」は、索引や見出しという意味です。「インデクサ」はページごとにどんなキーワードや文章が書かれているか、「文字数は？」「画像は？」「リンクは？」といったことを解析して、後で取り出しやすいように索引や見出しを付けてデータベースに保存していきます。

検索結果を探しに行く「サーチャー」

私たちが検索窓に入れた**キーワードに応じて、最適なページを探し出してくるロボットが「サーチャー」**です。

Googleは、私たちが入れたキーワードを検知すると、**「関連性が高い」と判断された検索結果をランキング形式で表示します。**「関連性が高いかどうか」は200以上の要素から判断されていて、その詳細は公開されていません。

ただ言えることは**「Googleは、常にユーザーに最適な検索結果を出したいと願っている」**ということ。私たちは**「ユーザーに役立つコンテンツを作り、コツコツ情報発信していくこと」**に専念しましょう。探しているユーザーと、私たちが作るコンテンツ（Webサイト）の関連性が一致すれば、おのずと上位に表示されるようになります。

COLUMN

生成AI「Gemini（ジェミニ）」で変わるGoogle検索の世界

2024年5月、GoogleはAI（人工知能）を搭載した検索エンジンの新バージョンを発表しました。最大の特徴は、一部の検索に「AIオーバービュー」と呼ばれる新機能が適用されたことです。

検索窓にキーワードを入力すると、Google検索結果から導かれた要約文が作成されるようになります。

今後も、Googleの検索エンジンには、さまざまな機能アップが期待されています。

Lesson
1-4

検索順位はどのように決まるの？

検索エンジンの仕組み②
アルゴリズムが順位を決める

SEOを行う上で避けて通れない言葉に「アルゴリズム」があります。アルゴリズムは、ランキング（検索順位）を決めるルールのことです。検索されるキーワードに応じて「このWebサイトを1位に表示しよう」「こちらのWebサイトを2位に表示しよう」などと決めていきます。
「ルールがわかればSEOもやりやすいのでは？」などと考えないでください。Googleのアルゴリズムは絶えず改良されていて、その詳細はGoogleの社員でもわからないと言います。

「SEO」というアルファベット3文字も苦手ですが、クローラー、インデクサ、サーチャーなどのカタカナ用語も苦手です。今度は「アルゴリズム」ですか？

私も同じです。カタカナって、頭に入ってきませんよね。

僕は洋楽や洋画が好きなので、カタカナや英語は得意です。こういう言葉を覚えると、なんだか本格的〜って気がします。

さすがですね！ SEOに限らず、世の中、カタカナも略語もどんどん新しい言葉が出てきますので、苦手意識をもたずに習得していきましょう。

アルゴリズムってなに？

　「アルゴリズム」とは、ランキング（検索順位）を決めるルールのことです。Googleは多くの観点でWebサイトを評価して、**点数を付けてランキングに利用**しています。この点数付けの項目や、その項目に対して何点付けるかなどのルールを「**アルゴリズム**」と呼びます。

　Googleは常にアルゴリズムの改良を行っていて、大規模な改良は**「アルゴリズムのアップデート」としてGoogleから発表されます。大規模なアップデートは、多くのWebサイトの順位を大きく変動させるので注意が必要**です。

図1-4-1　Googleによるサイトの評価

なぜアルゴリズムのアップデートを行うの？

　Googleは、**大量のWebサイトのなかから、ユーザーの検索意図にぴったりのWebサイトを表示する**のが仕事です。賢くなったとはいえ完ぺきではありません。期待していたWebサイトとずれた結果が表示されて、検索をやり直したことはありませんか？　Googleは、この**「ずれ」を少しでも解消したい**と願い、日々研究を重ねているのです。

　一方で、不適切なWebサイトを見つけるのも「アルゴリズム」です。ユーザーにとって役に立たないWebサイトや、他社のWebサイトのコピーサイト、意味のないリンクが大量に張られているWebサイトなどは、**不適切なWebサイトとしてペナルティを受けます**。ペナルティを受けたWebサイトは、大幅に順位が下げられたり、検索結果から除外されてしまうこともあります。

図1-4-2　Googleのペナルティ

　Googleがアルゴリズムのアップデートを頻繁に行うのは、**「ユーザに役立つ検索エンジンを作り上げなければ」という世界シェア第1位の検索エンジンGoogleの使命**なのかもしれません。

Googleコアアップデートとは

　コアアップデートとは、「**コアアルゴリズムアップデート**」の略称です。

　Googleはアルゴリズムについての小規模な更新は日々行っていますが、年に数回のペースで重要かつ大規模な更新を行っています。この大規模な更新のことを「**コアアップデート**」と呼びます。

　コアアップデートが行われると、ページに問題がなくても順位の変動が起きることがあります。「一時的な順位変動」という可能性もありますので、慌てずに状況を分析しましょう。

図1-4-3 Google検索のコアアップデートとウェブサイト

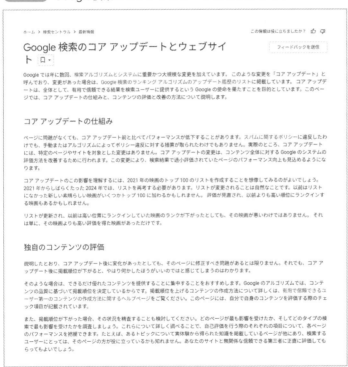

https://developers.google.com/search/updates/core-updates?hl=ja

　Googleは、すべてのWebサイトを適切に評価するために、これまでにさまざまなアップデートを行ってきました。Googleの考え方を理解するために、次の2つのアップデートについて知っておくとよいでしょう。

図1-4-4 大規模なアルゴリズムのアップデート

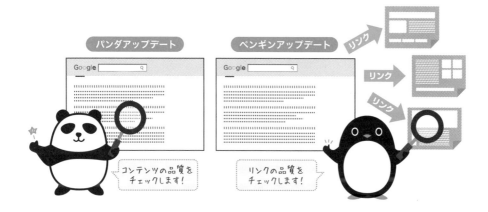

パンダアップデートの特徴

　パンダアップデートは、コンテンツの品質をチェックするアルゴリズムです。パンダアップデートからわかることは、**SEOにおいて「コンテンツの品質が重要」**ということです。

- 他社のWebサイトのコピペではないか？
- 同じページが複数存在していないか？（重複コンテンツ➡P.27）
- 文字数が極端に少なく、ユーザーにとって役に立たないページではないか？

ペンギンアップデートの特徴

　ペンギンアップデートは、リンクの品質をチェックするアルゴリズムです。ペンギンアップデートからわかることは、**「リンクは関連性のあるWebサイトから1本1本しっかりと張ってもらうことが重要」**ということです。

- 低品質な（中身がない）Webサイトからの被リンクはないか？
- 有料のリンクを購入して、大量のリンクを張っていないか？
- 自作自演の関連性のないWebサイトからのリンクを張っていないか？

　つまり、**コンテンツ重視のWebサイトを作り、コンテンツを評価されてからリンクを張ってもらうという順番が王道のSEO**です。

コンテンツの品質を高める「E-E-A-T」に取り組もう

「E-E-A-T」とは、高品質なコンテンツについてのGoogleの考え方になります。Googleは、「Experience（経験）」「Expertise（専門性）」「Authoritativeness（権威性）」「Trustworthiness（信頼性）」の4つの要素を満たすコンテンツを、高品質な内容として評価しています。

E：Experience（経験）

Googleは、著者の経験や実体験に基づくコンテンツを評価します。

例えば、車の修理方法について書かれたコンテンツがあった場合、次のどちらが役立つコンテンツだと思いますか？

- **コンテンツA**：車の免許を取ったばかりの人が書いた一般的な話
- **コンテンツB**：自動車修理工場で20年勤務のベテラン自動車整備士が書いた話

これは、明らかに**コンテンツB**のほうが、経験や実体験に基づく信頼度の高いコンテンツであると言えそうです。

E：Expertise（専門性）

Googleは、著者が持っている知識、知見、ノウハウなどの専門性を評価します。

例えば、医療コラムを一般の人が書く場合と、医師が書く場合で比較してみてください。専門知識を持つ医師のほうが、内容について詳細で具体的な説明が可能です。結果として、ユーザーが求める信頼度の高いコンテンツを提供できることになります。

テーマについて書かれたコンテンツを、内部リンクで相互リンクしておくことも重要です。Webサイト全体の専門性が高まります。

A：Authoritativeness（権威性）

Googleは、第三者から評価されているコンテンツを権威性の高いコンテンツとして評価します。

具体的には、コンテンツが他のWebサイトやSNSなどで紹介されているか（リンクを張られているか）などを考慮して、権威性を判断します。

また、著者自身のプロフィール、論文や出版などの経験などから、権威性を判断することもあります。

T：Trustworthiness（信頼性）

Googleは、Webサイトの内容や運営者が信頼できるかどうかを評価します。

　コンテンツの独自性があるか（模倣されたコンテンツはNG）、運営者の企業情報などが掲載されているか、セキュリティ面などは問題ないかなど、ユーザーが安心してWebサイトを利用できるような配慮が大事です。

図1-4-5 E-E-A-Tと品質評価ガイドラインについて

E-E-A-T と品質評価ガイドラインについて

Google の自動システムは、さまざまな要因に基づいて優れたコンテンツをランク付けするように設計されています。関連するコンテンツを特定した後、最も役に立つと判断されたコンテンツに高い優先順位を付けます。そのために、どのコンテンツが、エクスペリエンス（Experience）、高い専門性（Expertise）、権威性（Authoritativeness）、信頼性（Trustworthiness）、すなわち E-E-A-T の面で優れているかを判断するための要素の組み合わせを特定します。

中でも、信頼性は最も重要なものです。その他の項目も信頼性の一因となるものですが、必ずしもすべてにおいて優れている必要はありません。たとえば、優れたエクスペリエンスを基盤としてユーザーの役に立つコンテンツもあれば、専門性の高い内容でユーザーの役に立つコンテンツもあります。

E-E-A-T 自体はランキングに直接影響する要因ではありませんが、E-E-A-T が優れているコンテンツを特定できる要素の組み合わせを使用することは有効です。たとえば、Google のシステムでは、人の健康や安全、経済的安定、社会の福利厚生に大きく影響する可能性のあるトピックについては、E-E-A-T が優れたコンテンツを特に重視します。Google はこうしたトピックを「Your Money or Your Life」、または略して YMYL と呼びます。

Google には、Google のアルゴリズムが適切な検索結果を表示しているかどうかについての知見を提供する検索品質評価者という役割が存在します。この品質評価者は、アルゴリズムに対する変更が正しく機能しているかどうかを確認することをサポートしています。品質評価者は、E-E-A-T が優れたコンテンツであるかどうかを判断するために特別な訓練を受けています。こうした判断の基準については、検索品質評価ガイドラインで概説しています。

★ 検索品質評価者はページの掲載順位を制御できません。品質評価者のデータが直接ランキングのアルゴリズムで使用されることもありません。品質評価者のデータは、飲食店で客が記入するアンケートのようなもので、こうしたフィードバックを利用して、Google のシステムが機能しているかどうかを確認しています。

ガイドラインを確認することで、E-E-A-T の観点でコンテンツのパフォーマンスを自己診断できるだけでなく、検討すべき改善点を見つけ、Google の自動システムがランク付けに使用するさまざまなシグナルにコンテンツのコンセプトを適合させることができます。

https://developers.google.com/search/docs/fundamentals/creating-helpful-content?hl=ja

Lesson 1-5

サイトを作る際に肝に銘じたい大原則

なぜ重複コンテンツは
NGなの？ 問題点と対策

Googleがコンテンツ重視を強く打ち出し、パンダアップデートなどによる
アルゴリズムによって、低品質のコンテンツを作らないようにすることが求
められています。そのなかでも「重複コンテンツ」は、場合によっては大きな
ペナルティを受けることもあるので注意が必要です。基本は「重複コンテン
ツを作らないようにしよう」ですが、やむを得ず重複コンテンツになってし
まうこともあるので、その場合は適切な対応が必要になります。

友人が重複コンテンツによるペナルティを受けて、
サイトが検索結果に出なくなってしまったと嘆いていました。

悪質な重複コンテンツの可能性がありますね。
ご自身で作りこんだコンテンツですか？

低価格で大量のコンテンツを購入して、
一気にWebサイトにアップしてしまったようです……

重複コンテンツとは？

　重複コンテンツとは、内容が同じまたは重複部分が多いコンテンツのことです。同一ドメインの
配下に重複コンテンツが存在している場合と（次ページ・**図1-5-1**）、異なるドメインの配下に重
複コンテンツが存在する場合があります（次ページ・**図1-5-2**）。

　重複コンテンツは**低品質なコンテンツ**とみなされ、**順位が下がってしまう危険性**があるばかりで
なく、検索結果に表示されなくなる場合もあるため、注意してください。

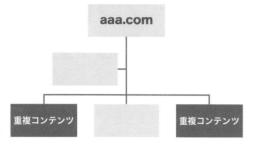

図1-5-1 同一ドメインの配下に重複コンテンツ

図1-5-2 異なるドメインの配下に重複コンテンツ

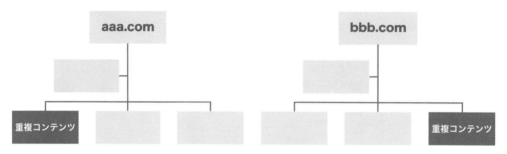

なぜ、重複コンテンツはNGなの?

2016年に某Webサイトが、「コンテンツを増やすことによるSEO」を狙って著作権を無視したコピーコンテンツを大量に作成したとして、事件になりました。専門知識のないライターに医療や健康などの専門分野の原稿を低価格で書かせたことも原因となり、他社のWebサイトからのコピーや無断転用などが多く発見されました。

重複コンテンツのなかでも、このような「著作権を無視したコピーコンテンツ」は、Googleからのペナルティを受けるだけでなく、法的な問題に発展する可能性もあります。

図1-5-3 ペナルティの対象に

他社のコンテンツのコピーではなくても、以下のようなケースで重複になってしまうこともあります。

- **何度も同じことを繰り返し書いているうちに、部分的に似てしまった**
- **商品ページの色違いの場合、色の説明以外は同じ説明文になってしまった**
- **PC用のページとモバイル用のページを別々に作ったが、説明文は同じものを掲載してしまった**
- **Webページと印刷用のページを掲載したため、重複になってしまった**

これらのケースは、Googleからのペナルティを受けたり法的な問題に発展したりすることはありませんが、重複ページのうちいずれかのページの順位が下がる可能性はあります。

なぜなら、検索ユーザーが検索した際、類似のページが1位と2位に出てきたらどうでしょう？検索ユーザーは1位のページを見て、違うページと比較したいと思って2位のページを見たのにも関わらず、内容が同じでは「Googleって、役に立たない」と思われてしまいます。

このようなクレームを回避するため、Googleは検索結果の上位に**内容が同じページを表示しない**ようにしています。

重複コンテンツを見つけるには？

重複コンテンツを見つけるためには、いくつかの方法があります。

原稿の一部分を検索する

文章を書いていて「この文章、以前も書いたかもしれない」と思ったり、外注した文章を確認していて「どこかで見たことがある文章だな」と感じたりしたときは、原稿中の文章をコピーして、検索窓に入れて検索してみましょう。

図1-5-4 原稿そのものを検索

検索結果として、この文そのものがヒットすることはありませんでした。

もし、まったく同じ文がヒットした場合、その前後の文章も同じになってしまっている可能性があるので、ヒットしたページを確認してください。

重複コンテンツを見つけるツールを使う

インターネット上のサービスで「sujiko.jp」というWebサイトがあります。

●重複コンテンツ・ミラーサイト・類似ページ判定ツール「sujiko.jp」

http://sujiko.jp/

2つのURLを入れるだけで、重複コンテンツになっていないかどうかをチェックしてくれます。

判定結果は、「総合判定結果」「タイトル類似度」「本文類似度」「HTML類似度」などが表示されます。

図1-5-5 sujiko.jpの検索結果

MEMO //

自社のWebサイトに重複コンテンツがあるかどうかは、Google Search Consoleを使って調べることができます。

左メニューの「ページ」をクリックすると、重複コンテンツがあると「ページがインデックスに登録されなかった理由」のところに「重複しています」と警告が表示されます。

重複コンテンツへの対応策

重複コンテンツには、以下の対策を行いましょう。

重複ページを作らない・削除する

基本的な考え方として、インターネット上に重複コンテンツを作らないようにすることを心がけてください。SEO的にも不利になりますし、ユーザーも混乱してしまう可能性があります。

「良いページだ」と思ってリンクしてくれる人が現れたとしても、同じページが複数あったらリンクが分散してしまいます。ひとつのページに良質なリンクがたくさん張ってあることがSEO的には重要になってきますので、リンクの分散を防ぐためにも重複コンテンツは避けるべきです。

重複コンテンツを見つけたら、必要でない限り削除してしまいましょう。削除が難しい場合は、canonicalタグを使って正規のページを指定したり、301リダイレクトを設定して重複ページを正規のページに転送するなどの対策をしましょう。

canonicalによる正規化

canonicalタグを使うと、重複ページが存在する場合に「このページが正規のページです」とGoogleに伝えることができます。

色違いのバッグのページを例に説明します。黒のバッグと白のバッグの商品ページが別々にあり、色の説明以外は重複していたとします。黒のページも白のページも、どちらもお客様が訪問する可能性があるページです。黒のページがメインの場合、白のページで「黒のページが正規のページです」と書くことによって、黒のページを正規化することができます。

<head>から</head>の間に、以下を記述します。

```
<link rel="canonical" href="http://aaaaaxxxxx.com">
```

http://aaaaaxxxxx.com のところに、正規のページのURLを記述します。

図1-5-6 正規化の効果

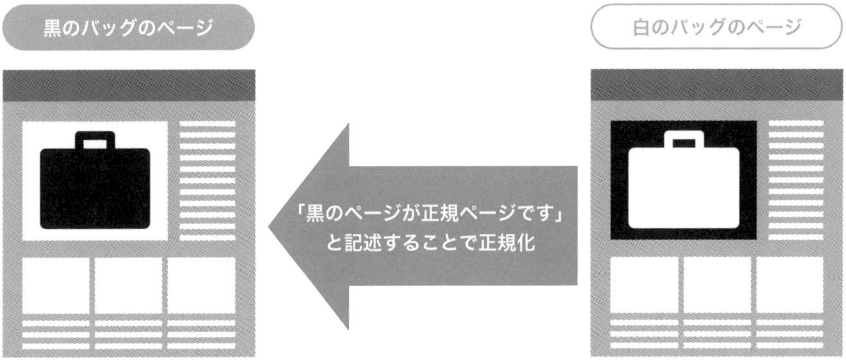

黒のバッグのページ　　白のバッグのページ

「黒のページが正規ページです」と記述することで正規化

301リダイレクト

前のページで説明したcanonicalタグは、重複するページのどちらにも（前述の例では、黒と白のバッグの両方のページ）お客様が訪問する可能性がある場合に使うタグです。

301リダイレクトは、重複するページの一方だけをお客様に見せたい場合に使います。

例えば、以下の図のように、Aのページだけを見せればよい場合、Bのページに訪問したユーザーを自動的にAのページに転送することができます。

301リダイレクトを設定すると、BのページからAのページへと自動的に転送され、検索エンジンにもAのページが正規のページであると伝わります。これにより、BのページのSEO評価がAのページに引き継がれることになります。

BのページからAのページへ301リダイレクトを設定しましょう。

図1-5-7 301リダイレクトの効果

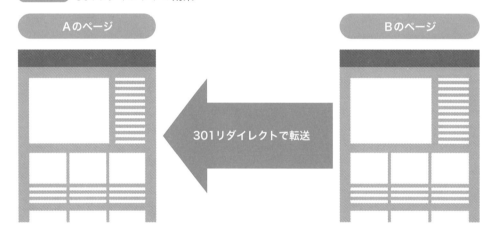

MEMO //

ドメインの重複にも注意しましょう。以下の例は、同じページ（Webサイトのトップページ）を表示します。「www」の有無、「index.html」の有無、「http://」と「https://」の違いに注意しましょう。これらの違いがあると、検索エンジンは別々のページとして認識してしまいます。

例：
http://www.aaaaaxxxxx.com/
http://aaaaaxxxxx.com/
http://aaaaaxxxxx.com/index.html
https://aaaaaxxxxx.com/

Lesson 1-6

新規訪問者獲得のための第一歩

リスティング広告と自然検索の使い分け

Webサイトを運営するにあたって、最初に来てほしいのは新規訪問者です。訪問者が来ないお店からは売上げを作ることはできません。SEOだけが集客の手段ではありません。ここではリスティング広告について、触れていきましょう。

SEOはサイト運営者にとって必須のことだということはわかりましたが、効果が出て検索結果の上位に表示されるまでには時間がかかりそうです…。

そうはいっても、売り上げを作っていかないと、Webサイト運営が継続できません。

Webサイトへの集客の施策はSEOだけではありません。広告もうまく活用していきましょう。

リスティング広告とは

　私たちが検索エンジンで検索を行うと、自然検索の結果だけが表示される場合と、自然検索の結果の上に、広告が表示される場合があります。

　そのキーワードに対して広告主から広告が出稿されている場合、検索結果に広告が表示される仕組みになっています。

　GoogleやYahoo! JAPANなどの検索エンジンの検索結果として表示される広告のことを、「**リスティング広告**」と呼びます（**図1-6-1**）。

　キーワードに対応して広告が切り替わるので「**検索連動型広告**」と呼ばれたり、クリックされた回数に応じて広告費用が変わることから「PPC（Pay Per Click）広告」とも呼ばれます。

図1-6-1 リスティング広告

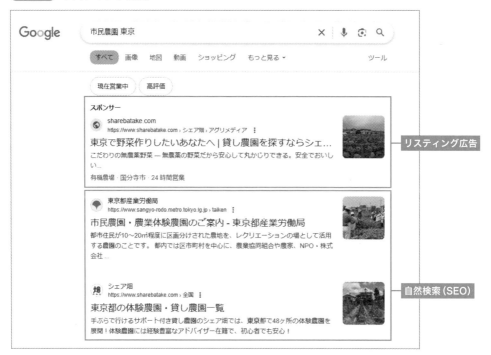

Googleが提供するリスティング広告が「Google広告」、Yahoo! JAPANが提供するリスティング広告が「Yahoo!広告」です。

図1-6-2 Google広告（左）とYahoo!広告（右）

https://adwords.google.com/

https://www.lycbiz.com/jp/service/yahoo-ads/searchads/

リスティング広告のメリット

リスティング広告には、次のようなメリットがあります。

メリット① 即効性がある

リスティング広告は、出稿の手続きを行えば、すぐに自社のWebサイトを検索結果として表示することができます。SEOに数か月〜数年の時間をかけることを考えると、即効性が高いというメリットは大きいです。

メリット② 低価格から始められる

リスティング広告は、クリックされた回数に応じて費用が発生します。逆にいうと、クリックされなければ費用は発生しません。

クリックされてもされなくても一定の費用がかかってしまうバナー広告に比べると、リスティング広告は低予算から始められて、予算を管理しやすい広告です。

メリット③ コントロール自在

リスティング広告は入札制です。特定のキーワードに対して、入札金額の高い広告文が上に表示されます。SEOは努力しても何位に表示されるか予測できないのに対して、リスティング広告はある程度のコントロールが効きます。広告を表示するかしないかの設定や、1クリック当たりの希望単価、1か月ごとの予算の上限などを、コントロールパネルで簡単に設定できます。

リスティング広告のデメリット

リスティング広告のメリットは魅力的ですが、**それでもなお、SEOに取り組まなければならない**理由があります。

今度は、リスティング広告の難しさや課題など、デメリットの側面を説明しましょう。

デメリット① クリック率の問題

検索結果に複数のリスティング広告が表示され、その下に自然検索の結果が表示されているとき、**リスティング広告を避けて、自然検索の結果からクリックする**人が増えています。

広告に対する警戒心があるのでしょう。また、広告をクリックした結果、期待した通りのWebサイトにたどり着けなかったという経験から避ける人も増えているようです。

デメリット② 広告費の問題

　クリックされた分だけの費用を払えばよいので、リスティング広告は低予算からスタートできる広告としても人気があります。ただし、あくまでも広告です。広告を出し続ける限り、ずっと広告費がかかってしまうという点も注意が必要です。

リスティング広告とSEOの使い分け

　SEOは、うまく上位表示までこぎつけれれば、無料で検索結果の1ページ目に自社のWebサイトを表示することができます。リスティング広告に比べてクリック率も高い傾向になるので、**長期的な視野で考えて、SEOにしっかりと取り組んでいきましょう。**

　Webサイトを公開した直後は、リスティング広告からの集客に頼り、SEOでの上位表示ができてきたら広告費用を減らし、SEOからの集客を増やしていけるようにしましょう。

図1-6-3　集客施策の使い分け

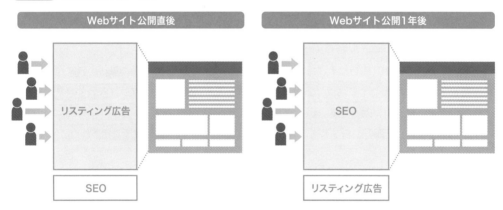

Lesson 1-7

もはやスマートフォン対応は当たり前

PCとスマホ検索の違い モバイル時代のSEO

LINE、Facebook、InstagramなどのSNSの利用者が増え、スマホ等のモバイル端末もひとり1台の時代になってきました。PCを持たないスマートフォンネイティブ（スマホネイティブ）の若者が増え、シニア世代にもスマホやタブレットが浸透しはじめています。GoogleがWebサイトのモバイル対応を呼びかけている今、Webサイトのモバイル対応は必須です。

先日、ハワイアンジュエリーのイベントを行ったのですが、お客様のほとんどがスマホで検索をしていました。

今どきの若者は、PCよりもスマホ！
今後ますます、スマホユーザーが増えそうですね。

SEOの世界でも、スマホ対応が必須です。

▌対応必須！　モバイルフレンドリーなWebサイト

　モバイルフレンドリーとは、Webサイトを表示する際、PCだけでなくスマートフォンなどの**モバイル端末で表示したときにも「見やすく使いやすい」表示**にしておくことです。

　モバイルユーザーの急激な増加に伴って、**モバイルフレンドリーなWebサイトが必須**となっています。SEOの観点でも、Googleは2015年4月に「**モバイルフレンドリーアップデート**」というアルゴリズムを導入しました。これにより、モバイルフレンドリーなWebサイトはモバイル検索結果で順位が上がり、逆にモバイルフレンドリーでないWebサイトは順位が下がるようになりました。ただし、このアップデートはモバイル検索の順位にのみ影響し、PCでの検索順位には影響を与えません。

　モバイルフレンドリーアップデートの導入によって、各Webサイトは、PCでの順位とモバイルでの順位に違いが出るようになってきました。

モバイルフレンドリーなWebサイトがモバイル検索で優先されることで、ユーザーは「文字やボタンが小さくて見えない」という状況を避けることができます。これにより、モバイルユーザーにとってより便利なWeb体験が提供されます。

モバイルフレンドリーになっているかチェックしよう

Webサイトがモバイルフレンドリーになっているかどうかは、PCのブラウザの横幅を手動で狭くしていけばわかります。

または、Lighthouse（ライトハウス）というツールを使ってチェックしましょう。

図1-7-1 Lighthouse（ライトハウス）

https://chromewebstore.google.com/detail/lighthouse/blipmdconlkpinefehnjammfjpmpbjk?hl=ja

図1-7-2 モバイルフレンドリーのチェック

モバイルファーストインデックスとは？

モバイルファーストインデックス（MFI）とは、検索順位を決める際に、PC向けのWebサイトよりも、**モバイル向けのWebサイトを基準にして順位を決定する**するというものです。

図1-7-3 これからの評価基準

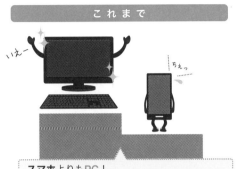

これまで	モバイルファーストインデックス後
いぇー ちぇっ	ひゅ〜 あれ〜
スマホよりもPC！ PCのWebサイトを評価して順位を決めていた	**PCよりもスマホ！** スマホのWebサイトを評価して順位を決める

Googleは、2018年3月にモバイルファーストインデックス（MFI）を導入しました。

これからWebサイトを立ち上げる際は、「モバイル向けのWebサイト」が必須です。むしろPC向けWebサイトよりもモバイル向けのWebサイトを中心に考えていく必要があります。

レスポンシブデザインでWebサイトを作ろう

モバイルフレンドリーやモバイルファーストインデックスに対応するため、さらにモバイルのお客様に対応するために、モバイルサイトを作ることは不可欠です。

だからといって、PC向けのWebサイトとモバイル向けのWebサイトとの両方を作って更新していくことは、コストも労力も2倍近くかかってしまうというデメリットがあります。

しかし、**レスポンシブデザインなら、ひとつのWebサイトを作っておくだけで、閲覧する人の環境に合わせて最適な表示が可能**になります。

図1-7-4 レスポンシブデザイン

レスポンシブデザインの
Webサイト

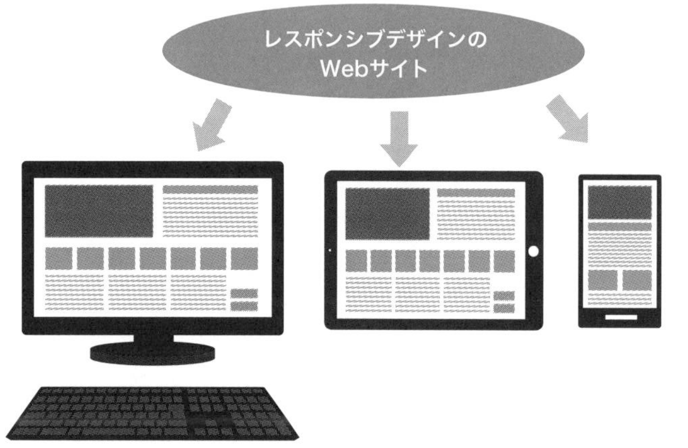

PC、タブレット、スマホなど、見る人の環境に応じて最適な表示を行う

図1-7-5 PC表示とモバイル表示

図1-7-5のように、レスポンシブデザイン対応のサイトは、ブラウザをドラッグして小さくすると、自動的にモバイル表示に切り替わります。

逆に、ドラッグして大きくするとPC表示になります。

COLUMN

Google がモバイルフレンドリーを推奨

　モバイルフレンドリーアップデートやモバイルファーストインデックスなどによって、Googleのモバイル重視の傾向がわかります。Googleは「モバイル対応しているWebサイト」を評価し、検索順位を上げていく方針です。

　GoogleはWebサイト（Google検索セントラル）でも、私たちにモバイルフレンドリーなページを作ることを推奨しています。

図1-7-A Google検索セントラルより

ホーム ＞ 検索セントラル ＞ ドキュメント　　　　　　　　　　この情報は役に立ちましたか？ 👍 👎

モバイルサイトとモバイルファースト インデックスに関するおすすめの方法 🔗・　　　　　　　　［フィードバックを送信］

Google のインデックス登録とランキングでは、スマートフォン エージェントでクロールしたモバイル版のサイト コンテンツを優先的に使用します。これを**モバイルファースト インデックス**と呼びます。

モバイル版のページを用意することは、コンテンツを Google の検索結果に表示させるための要件ではありませんが、非常に強く推奨されています。このページで説明するおすすめの方法は、モバイルサイト全般にあてはまり、当然のことながら、モバイルファースト インデックスにもあてはまります。

ユーザーに最適なエクスペリエンスを提供できるよう、このガイドで紹介されているおすすめの方法を実践してください。

モバイル フレンドリーなサイトを作成する

スマートフォンからアクセスした際のユーザー エクスペリエンスが優れたものなるように、モバイル フレンドリーなウェブサイトを用意します。モバイル フレンドリーなサイトの構成方法は、次の 3 つから選ぶことができます。

- レスポンシブ デザイン: ユーザーのデバイスの種類（パソコン、タブレット、モバイル、非視覚系ブラウザなど）に関係なく、同じ URL で同じ HTML コードを配信しつつ、画面サイズに応じてコンテンツの表示方法を変更します。**Google では、実装と維持が最も簡単なデザイン パターンとしてレスポンシブ ウェブ デザインをおすすめしています。**
- 動的な配信: デバイスに関係なく同じ URL を使用します。この構成方法では、デバイスに応じて異なるバージョンの HTML を配信するために、`user-agent` スニッフィングと `Vary: user-agent` HTTP レスポンス ヘッダーを利用します。

---

https://developers.google.com/search/docs/crawling-indexing/mobile/mobile-sites-mobile-first-indexing?hl=ja

COLUMN ○ ○ ○ ○ ○ ○ ○ ○ ○ ○

Amazonや楽天市場などショッピングモールのSEO

ECサイトの運営を考える場合、Amazonや楽天市場などの大手ショッピングモールへの出店を考える場合もあります。

独自ドメインのSEOの場合は、本書で説明しているようにGoogleを中心とした検索エンジン対策を行っていくことになりますが、ショッピングモールのSEOは違います。

ショッピングモールには、それぞれのモールごとに独自のアルゴリズムを持つ検索エンジンがあります。そのため、Amazonや楽天市場などのプラットフォーム上でのSEO対策は、各モールの検索アルゴリズムに基づいて行う必要があります。

具体的には、商品タイトル、商品説明、キーワードの選定、レビューの数や質、商品の販売実績などが各ショッピングモールの検索順位に影響を与えます。したがって、これらの要素を最適化することが、ショッピングモールでのSEO成功の鍵となります。

AmazonのSEO

AmazonのSEOについては、Amazonのページ「検索順位を上げるための商品ページ作成ガイド」を参考にしてください。

Amazon SEO対策の7つのステップとして、以下について詳しい説明があります。

1. キーワード調査
2. 商品タイトルの最適化
3. 商品説明の最適化
4. 商品説明の箇条書きの最適化
5. 商品画像の最適化
6. 検索キーワードの最適化
7. 商品価格の最適化

図1-7-B Amazon

https://sell.amazon.co.jp/learn/seo

次ページへ

楽天市場のSEO

　楽天市場の発表によると、楽天市場で買い物をする人の6割〜7割が楽天市場の検索エンジンを利用しているそうです。楽天市場に出店する場合、楽天市場での上位表示が必要ということになります。

　楽天市場のSEOのアルゴリズムも公開されていませんが、以下の要素が重要です。

- ・検索キーワードと商品情報（タイトルや商品説明）が一致していること
- ・レビュー（お客様からの評価）が高いこと
- ・販売実績が多いこと（人気商品）
- ・ページの最適化（表示スピード、モバイル対応）
- ・在庫の確保

　楽天市場に出店した際は、楽天大学などで情報収集して対策を行っていくとよいでしょう。

図1-7-C 楽天市場

楽天市場 ネットショップ出店・開業

楽天大学

楽天大学についてご紹介します。ネットショップ運営ノウハウを実例をまじえながら楽しく学べる！
自宅や会社で好きな時間に何度でも学べるWeb講座でご用意しています。

▼ 楽天大学とは

お店の成長をサポートする「成長加速ツール」

楽天大学は「店舗様向けにフレームワーク(考えるための枠組み)」を提供するというコンセプトから設立しました。楽天における「共通言語」であるフレームワークをマスターすることによって、ECコンサルタントとのコミュニケーションや店長仲間との情報交換が活発化したり、自店舗 スタッフ間の相互理解を深めることができます。教室開催(有料)の講座では楽天大学講師の ほか、著名人による講座も受講できます。eラーニング形式の講座「RUx」や、チャットをしながら楽しく学べる「オンライン勉強会」を提供しており、こちらはいつでも無料で受講できます。

教室	楽天大学サロン (無料)
	専門講師による 講座(有料)
オンライン	RUx(無料)
	オンライン 勉強会(無料)

https://www.rakuten.co.jp/ec/environment/knowhow/

　まとめると、Amazonや楽天市場の場合、ショッピングモールという特性上「売り上げを増やすための検索エンジン」という側面も否定できないと思います。

検索の多様性に合わせてSEOにも対策を

音声検索によって検索方法はこんなに変わる！

スマートフォンやスマートスピーカーの普及、音声認識技術の向上により、音声検索を利用する人が増えています。特に「生まれたときにはスマホがあった」というスマホ世代の若者は、PCの検索でも普通に音声検索を使います。音声検索がより普及してくると、SEOに取り組むうえでどのように変わってくるのでしょうか？

「Ok！グーグル」「近くのコンビニはどこ？」
「おいしいチャーハンの作り方を教えて」
「え〜っと、あと何を聞こうかな？」…

音声検索をご利用ですね。私もよく天気を聞いたり、場所を聞いたりします。音声検索は便利ですよね。

私はちょっと恥ずかしくって、まだあまり活用していません。音声検索はこれから普及してくるのでしょうか？

音声検索ってなに？

　音声検索とは、検索の際に文字を入力して検索するのではなく、**音声で話しかけることによって検索**を行う方法のことです。検索の際に「〜を教えて」「〜はどこ？」「〜を調べて」などと質問すると、検索エンジンが検索結果から最適な答えを探し、音声で答えてくれるというものです。

　スマートフォンの普及によって、音声検索は一気に広まりました。「Hey,Siri」「OK,Google」といったセリフのCMも有名です。

音声検索が増えると、どう変わる？

　音声検索は声で話しかけるだけなので、文字を入力する検索方法に比べて「手軽である」という点がメリットになります。スマートフォンやさまざまな機器が生活の中に入り込んでくることによって、私たちはより日常的に音声検索を使うようになることが想像できます。

　音声検索が増えると、以下のような変化が起こります。

検索する機会が増える

　手軽な音声検索が一般的になると、私たちは今まで以上に**頻繁に「検索」を利用**するようになります。いろいろなキーワードが検索され、新たな市場が作られるかもしれません。

図1-8-1 身近になった音声検索

3語、4語、5語……複数キーワードでの検索が増える

　文字入力という手間から解放されるので、今まで以上に**複数キーワードでの検索が増える**でしょう。具体的に質問すれば、より具体的な回答が得られます。

　例えば「新宿　ランチ」「新宿　ランチ　レディース」程度の2〜3語でのキーワード検索ではなく、「新宿駅　近く　ランチ　レディース　1,000円以内」や「新宿駅　高層ビル　ランチ　イタリアン　ワイン付き」など、思いつくままにキーワードを話しかけるようになるでしょう。

図1-8-2 検索キーワードが増える

キーワード検索から文章入力へ

「キーワードの羅列」という検索の仕方は、文字入力の検索では当たり前でした。ところが、音声検索が一般的になってくると、「新宿駅近くのレディースセットがあるイタリアンレストランを教えて」「この夏いちばん売れたビールの銘柄を教えて」などのように、**文章で会話するような検索の仕方が多くなってきます**。

図1-8-3 文章で検索されるようになる

従来
新宿　イタリアン

これから
**新宿駅近くのレディースセットがあるイタリアン
レストランを教えて**

あいまいな言葉や感情そのままの検索も増える

文字入力での検索を行う場合、私たちは**できるだけ少ない文字数で、できるだけ少ない検索回数で**、目的のページにたどり着きたいと思っています。検索する前に「こんなキーワードを入力しよう」とある程度考えてから検索をはじめます。

音声入力の場合はどうでしょうか？　文字入力よりも格段に手軽に検索できる環境を手に入れた私たちは、「どんな検索キーワードを入力しようか？」と考える間もなく、**気持ちのまま、勢いで検索**するようになるでしょう。

例えば、母の日のプレゼントを探すとき、「母の日　プレゼント　人気」などと検索にヒットしやすいキーワードを入れるのではなく「母の日のプレゼント　かわいくてオシャレで軽め」と検索するかもしれません。「かわいい」「オシャレ」「軽め」などは主観的であいまいな言葉です。

「辞めたい」「眠れない」「うれしい」「楽しい」などの**感情をそのままつぶやくような検索**も増える可能性があります。**検索のバリエーションが大幅に増える**ことが予測できます。

図1-8-4 キーワードに感情がこもる

従来
母の日　プレゼント　人気

これから
母の日のプレゼント　かわいくてオシャレで軽め

音声検索によってSEOはより難しくなる

音声検索のための最適化のことを、音声検索最適化（VSO = Voice Search Optimization）といいます。音声検索が広まっても、Google の基本的なアルゴリズムは現状のアルゴリズムを踏襲するでしょう。ただし、以下の点で難しくなると考えられます。

1位でなければ意味がない

文字検索の場合は、検索ユーザーが検索結果の画面を見て、どのWebサイトを開くかを決めていました。つまり、2位や3位、それ以降の順位であっても、**Webサイトに訪問してもらえる可能性**がありました。

ところが音声検索の場合は、**読み上げられるのは1位のWebサイトのみ**となります。音声検索の場合は、**1位でなければ検索ユーザーと出会えないという厳しい状況が待っています。**

キーワードの洗い出しが難しくなる

音声検索によって、ユーザーごとに検索の仕方が多様化してきます。

文章での検索、質問形式での検索、あいまいな言葉での検索、感情を表す言葉での検索など、**ユーザーの検索方法が今まで以上に複雑になる**ので、そういった意味でも、**キーワードの洗い出しが難しくなり、戦略が練りにくくなります。**

音声検索は**これから増えてくる検索方法**です。いまから音声検索の動向に注意して、対策を考えていきましょう。

動画のアップロードはYouTubeへ

動画SEOへの取り組み方

検索結果には、テキストだけではなく動画コンテンツが表示されることがあります。動画コンテンツのサムネイル表示は検索結果の画面上でも目立つため、クリックされやすいです。スマートフォンでの動画撮影も簡単なので、動画をWebコンテンツとして活用するケースもあるでしょう。せっかく動画を使うのであれば、SEOに有利な掲載方法にしたいものです。ここでは、動画SEOへの取り組み方を説明します。

検索エンジンの結果に、ときどき動画が出てくることがあります。サムネイルの画像が付いているので、ついついクリックしてしまいますよね。

私もついクリックしてしまいます。目立ちますもんね。

私は、ハワイアンジュエリーの作り方などの動画をたくさん持っているのですが、動画を検索エンジンの上位に表示させる方法ってありますか?

▎動画SEOとは？

　動画SEOとは、**検索エンジンの検索結果で、動画コンテンツをより上位に表示させるための取り組み**のことです。例えば「ボレーシュート　コツ」と検索すると、検索結果の上位に動画が表示されます。クリックすると、YouTubeの動画が流れます（**図1-9-1**）。

　このように**YouTubeなどの動画掲載サイトへ直接リンクする**ケースが、動画SEOの一般的な方法になります。

　もうひとつは、動画を自社のWebサイトに埋め込む方法です。**Webページに動画を埋め込むことによってコンテンツ力を高め、Webサイト自体の順位を上げよう**という対策になります。

図1-9-1 Google検索でヒットする動画コンテンツ

動画ページの順位を上げるにはどうしたらいいんだろう？

動画を置くならYouTube！ 2つの理由とは？

動画を掲載できるサービスはいろいろありますが、SEOを目的にする場合はYouTubeにアップしましょう。理由は2つあります。

理由① Googleとの親和性が高い

YouTubeは、2005年に米国で設立された動画共有サイトです。2006年10月にGoogleに買収され、お互いグループ会社になりました。

図1-9-2 YouTubeはGoogleの傘下にある

「グループ会社だから親和性が高い」という判断は危険かもしれませんが、Googleの検索結果に、YouTubeの動画が表示されやすい傾向は年々高くなってきています。みなさんも、何かを検索したときに、「検索結果の1ページ目にYouTube動画が表示されていた」という経験があると思います。

「○○のやり方」「○○の手順」「○○をやってみた」などは、文章での説明を読むよりも動画で見たいコンテンツでしょう。ユーザーが**「動画で見たい」「動画の方がわかりやすい」「動画の方が正しく伝わる」と感じるコンテンツ**は、Googleも積極的に検索結果に並べてきます。

なぜなら、Googleは以下のように述べています。

> 完璧な検索エンジンとは、ユーザーの意図を正確に把握し、ユーザーのニーズにぴったり一致するものを返すエンジンである。

Googleは、「ユーザーが探している情報はなんだろう?」と考え、「ユーザーにとって、最も役立つページを表示してあげたい」という思考です。「ユーザーにとって動画で見せてあげたほうが、わかりやすいだろう」というキーワードについては、YouTube動画を上位に表示するのは当然のことなのです。

理由② 検索エンジンとしてのYouTube

YouTubeは、動画共有サービスとしてだけではなく、検索エンジンとしても人気があります。検索エンジンといえば、かつてはGoogleとYahoo!が世界の2大検索エンジンと呼ばれていた時代もありましたが、現在はYouTubeがGoogleに次ぎ、第2位の検索エンジンと呼ばれることもあります。

これは何かを調べる際、動画を見て解決したいと思っている人が増えていることを意味しています。このような2つの理由で、動画をアップする場所としてYouTubeをオススメします。

動画を作成するときのコツ

動画作成と動画アップの際は、以下を注意しましょう。

動画の時間

インターネットで動画を閲覧する場合、あまりにも長いと飽きてしまいます。短くて内容の薄い動画では伝えたい情報が伝わりません。3分以内を目安にして、伝えたいメッセージを絞った動画を作りましょう。

シナリオ

動画の総再生時間や「視聴者が動画を最後まで見たかどうか」などもSEOに影響します。冒頭で視聴者の心をつかみ最後まで観てもらえる動画を作りましょう。総再生時間などは、YouTubeの管理画面から確認できます。

クロージング

　せっかく動画を作るのですから「観て終わり」ではなく、視聴者を次のアクションに導きましょう。検索で来てくれたユーザーに、「動画を見てもらい、そのあとにサイトに誘導して資料請求をしてもらう」とか「動画を見てもらい、最後に問い合わせの電話をかけてもらう」など動画のゴール（出口）を明確にしておくべきです。

YouTubeにアップするときのSEO的な注意点

動画をYouTubeにアップする際、管理画面で次の3点を工夫しましょう。

- タイトル
  動画のタイトルを入力します。タイトルには、キーワードを入れましょう。

- 説明文
  動画の説明文を入力します。説明文にも、キーワードを入れましょう。
  ハッシュタグ（#）も効果的です。視聴者がクリックしたくなるような説明文を書きましょう。

- サムネイル
  動画の内容がわかる画像、視聴者の興味をひくような画像をアップロードしましょう。

図1-9-3 YouTubeの設定画面

　Googleは、「動画がどんな内容なのか」を把握するために、動画に付与されているタイトルなどの情報を頼りにします。例えば「旭山動物園　人気者」「旭山動物園　キリン」「旭山動物園　人気者　キリン」などで上位表示を狙いたい場合は、基本情報のタイトル、説明文、タグのすべてにキーワードを書き込んでおきましょう。

COLUMN

画像、地図、ショッピング……、バーティカル検索とは？

　Googleの検索結果のページには、検索窓の下に「すべて」「画像」「動画」「ニュース」「ショッピング」「地図」「書籍」「フライト」などのタブが並んでいます。

　これは固定ではなく、**検索キーワードに応じて「ユーザーが見たいであろうキーワード」が「見たいであろう順番」に表示されます。** これを、**バーティカル検索**といいます。

　例えば**「パンケーキ　作り方」**と検索すると、検索窓の下には、左から「画像」「動画」「ショッピング」の順番に表示されています。

図1-9-A 「パンケーキ　作り方」で検索

　「パンケーキ　作り方」を調べているユーザーはきっと「パンケーキの画像を見たいだろう」し、次に「作り方を動画で見たいだろう」とGoogleが判断して順番を入れ替えているのです。

　例えば、以下のキーワードで検索すると、タブの並び順も変化します。

- 「パンケーキ　原宿」と検索すると、「ショッピング」「画像」「地図」の順に変わる
- 「パンケーキ　通販」と検索すると、「ショッピング」「画像」「動画」の順に変わる

図1-9-B キーワードでタブの並び順が変化する

　このような細かいところまで「ユーザーの使いやすいように」「ユーザーが喜んでくれるように」と考えられている点も、Googleが世界第1位の検索エンジンである理由かもしれません。

Lesson 1-10

スマホネイティブが検索を変える！
X・Instagram・YouTube検索への対応

検索エンジンのシェアナンバーワンは、Googleです。ただしSNSの利用率が高まるにつれて、「用途に応じてSNSを使って検索する」というケースも出てきています。新しい検索方法を生み出しているのが、「スマホネイティブ」と呼ばれる若い世代のユーザーです。彼らはどのように検索の仕方を使い分けているのでしょうか？

いろいろなSNSを使ってみましたが、最近はXをよく使います。

同感。ときどきつぶやくだけですが、クローズドの仲間だけでコミュニケーションできる点がいいですよね。

私は検索用に使っています。ニュース性のあることや、ゴシップネタなどを検索することが多いです。

私たちの世代は「検索といえばGoogle」ですが、若い世代はSNSでの検索も行うんですよね。

スマホネイティブの検索事情

　スマホネイティブ（スマートフォンネイティブ）とは、既にスマートフォンが普及していた社会で生まれ育った世代のことです。パソコンよりもスマートフォンの操作に慣れていて、SNSを使ったコミュニケーションにも抵抗がない世代です。スマホネイティブは、Instagram、TikTok、X、YouTube など、さまざまなSNSを利用し、SNSでの検索も多用しています。

　一般的な検索で出てくるWeb情報よりも、信頼できる友人や仲間の情報を信頼する傾向にあります。スマホネイティブは、どのようにSNSを利用した検索を行っているのでしょうか？

図1-10-1 スマホネイティブ

SNS（X・Instagram・YouTube）での検索の使い分け

スマホネイティブの利用率の高い3つのSNSについて考えてみましょう。

X検索

私自身も、ニュース、スポーツ結果、地震速報など**「今」の情報を知りたいときは、X**を使います。Xを使って検索すると、リアルタイム情報を知ることができます。

知りたい情報と同時に他の人の声、感想、気持ちも併せて知ることができて、共感しながら情報を得ることができます。情報を知り、それをきっかけにしてクローズド（お友達同士だけ）のコミュニケーションも楽しむことができます。

Instagram検索

Xが文字でのコミュニケーションであるのに対して、**Instagramは写真中心のコミュニケーション**を行うためのSNSです。タイル状の写真がずらりと並ぶ画面を通して、友人同士で**「見ている世界」「体験していること」を共有**することができます。

レストランやカフェ、観光地、グルメ、ファッションなどの**フォトジェニックなものを検索**する際は、XよりもInstagramを使う傾向があります。検索結果として文字情報よりも画像を期待している人は、Instagram検索を行います。

Inatagramでの検索のように、**画像を検索することを「ビジュアルサーチ」**と呼びます。

YouTube検索

Xが文字情報を検索し、Instagramが画像を検索するのに対して、動画を検索したいときに使うのがYouTubeです。「〜の仕方」「〜の方法」など、**検索結果を動画で見たいときは**YouTubeで検索します。

SNSの検索を加速するハッシュタグ

SNSでの**検索の手助けになるのがハッシュタグ**です。ハッシュタグは、「#」記号（ハッシュマーク）とキーワードを組み合わせて使います。

ハッシュタグは前後に半角スペースを入れながら並べれば、複数のハッシュタグを付けることが可能です。

SNSでの投稿の際にハッシュタグを付けておくと、他のユーザーが検索したときに見つけてもらいやすくなります。

検索する際は、**ハッシュタグによって検索をスムーズに行うことができたり**、**趣味や関心事が近いユーザー同士で情報を共有する**ことができたりというメリットがあります。

図1-10-2　X投稿の例

スマホネイティブが作り出す新しい検索方法

スマホネイティブの若者たちは、「テレビを見ない」「新聞や雑誌から得ていた情報をスマホから得る」「年賀状もスマホ」「買い物もスマホ」など、私たち大人世代が「昔とは変わったな〜」と思うことに対して「生まれたときからそうでしたけど……なにか？」と感じている世代です。

今後は、ますますパソコンからスマホへの移行が進み、スマホネイティブ世代の子どもたちが社会の中心になっていきます。

今後のSEOにおいて、スマホネイティブがどのような検索を行うのかという点をウォッチしていくことが重要です。

Lesson
1-11

生成AIと検索エンジンの関係とは？

ChatGPTを
SEOで活用する

ChatGPT (Chat Generative Pre-trained Transformer) は、会話形式のAIチャットサービスのことです。
米国サンフランシスコに拠点のある「OpenAI」によって開発され、2022年11月に「ChatGPT-3.5」がリリース、世界中で大きな話題となりました。
さらに2024年5月には「GPT-4o（オムニ）」がリリースされ、今後さらなる進化が期待されています。

ChatGPTを使って、いろんな質問をしています。先日は友人との旅行プランを考えてもらいました。

ChatGPTは賢くて、対応も早くて、便利ですよね！

でも、危険性もあると聞きました…。

そうですね。ここでは、ChatGPTを効果的に活用する方法をお伝えしますね。

ChatGPTの仕組み

ChatGPT（チャットジーピーティー）は、大量のテキストデータを用いて事前学習（機械学習）を行っており、私たちのさまざまな質問に対して、的確な回答を返してくれます。

図1-11-1 生成AIとは会話形式でやり取りする

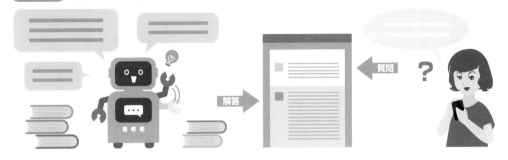

例えば、ChatGPTに「ChatGPTについて教えて」と聞くと、以下のような回答がありました。

図1-11-2 ChatGPT (https://chatgpt.com/)

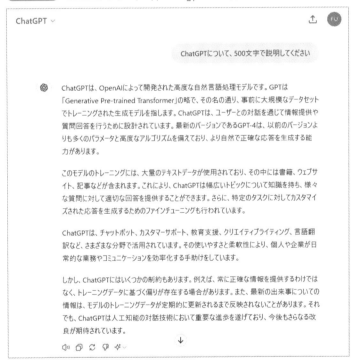

MEMO //

ChatGPTは、生成AIの一種です。生成AIとは、文章、画像、動画など、さまざまなコンテンツを自動的に作成できる技術のこと。膨大なデータを事前に学習し、さらに運用中にも新たな学習を行いながら、指示（プロンプト）に応じて最適なコンテンツを生み出し（生成し）ます。文章を生成する生成AIとしては、ChatGPT以外にもGoogleの「Gemini」、Microsoftの「Copilot」、その他にも画像生成AIや動画生成AI、音声生成AIなどもあります。

ChatGPTをSEOで活用する前に知ってほしい危険性と注意事項

ChatGPTの登場によって、SEOの世界でもChatGPTの活用が進んできています。

ただし、ChatGPTの活用には危険な側面もあります。活用法を説明する前に、ChatGPTの危険性と注意事項について説明します。

コンテンツは正確か?

ChatGPTは、大量の事前学習に基づいて文章を生成します。インターネット上のデータも学習しているため、もし仮にインターネット上に正しくない情報があれば、ChatGPTの回答にも影響が出ます。**「ChatGPTの回答は、必ずしも正しくはない」**ということを忘れないでください。

重複しないか?

ChatGPTの回答をそのまま原稿として使用すると、他サイトのコンテンツと重複するリスクがあります。ChatGPTはインターネット上の情報を学習しているため、回答が学習した情報と似通ってしまうことも考慮し、重複していないか確認した上での使用を心がけましょう。

著作権の問題はないか?

「ChatGPTが生成した文章が、**著作権の侵害に該当してしまうかもしれない」**という危険性もあります。これは法的リスクとして大きな問題に発展しかねないので、注意が必要です。

私が個人的にいちばん危険だと思うことは、**「独自性、オリジナリティの喪失」**です。

後述しますが、SEOでは独自性のあるオリジナルコンテンツを作ることが、とても重要です。

Googleが「独自性・オリジナリティのあるコンテンツの評価を高くする」という側面もありますが、同時に「ユーザーは一般論ではなく、著者の独自の考え、オリジナリティのあるコンテンツを読みたいと思っている」からです。

将来的には、何かを調べたいときや困ったときに、「Googleで検索しよう」ではなく「ChatGPTに質問しよう」という行動が主流になるかもしれません。

そうなったときに、自分の（自社の）Webサイトに一般論ばかり掲載していても意味がありません。Webサイトには、自分でしか書けない**「体験や経験に基づくコンテンツ」**や**「自分自身の独自の考えやアイデア」**を掲載しておくべきだと、私は考えています。

図1-11-3 AIに頼りすぎてはいけない

ChatGPTを活用するための質問の仕方

　ChatGPT活用の危険性、注意事項を理解したうえでChatGPTをSEOに活用していきましょう。ChatGPTを活用することによって、多くのことが効率的にスピーディーに行えるようになります。

　ポイントは、質問の仕方です。質問のことを「**プロンプト**」と呼びます。ChatGPTはプロンプトに応じて回答を生成するので、**プロンプトの質が高ければ高いほど、良質な回答**が得られます。

シンプルで、具体的な質問をする

　ChatGPTはシンプルな質問を好みます。短い文で、わかりやすい質問を入れましょう。一度にたくさんの質問をせずに、ひとつずつ質問することも大切です。

　ChatGPTの回答に対して、さらに質問を加えるなどして、会話のように内容を掘り下げていきましょう。

役割や条件を指定する

　「ChatGPTに、どんな立場で回答してほしいか」を設定することもできます。「あなたはSEOの専門家です」「Webマーケティングの専門家の立場で回答してください」などと指定することができます。また、回答についても「300文字以内で回答してください」「ビジネスで使える表現で回答してほしい」「数値を入れて」「固有名詞は入れないで」など、**さまざまな条件を入れて、質問することも効果的**です。

ChatGPTをSEOで活用しよう

ChatGPTは、SEOを行う際にさまざまな場面で活用できます。いくつかの活用術を紹介します。

構成案の作成、原稿の作成

ChatGPTは、文章を作成することが得意です。例えば、3,000文字相当の文章を書く場合など、ChatGPTを使って「骨子を作る」「原稿を書く」などのサポートを受けることができます。**コンテンツ作成の下書き、素案レベル**という認識でいたほうが安全です。

ChatGPTを使うと、完成度の高い文章があっという間にできあがります。そのまま使いたくなるかもしれませんが、ChatGPTの危険性・注意点を考慮して、そのままの使用は避けてください。

> 例：
>
> あなたは、SEOの専門家です。「小学生向けプログラミング教室の選び方」というタイトルで、3000文字の文章を書きたいです。まずは、骨子を作ってください。

図1-11-4 文章の骨子を作る

あなたは、SEOの専門家です。「小学生向けプログラミング教室の選び方」というタイトルで、3000文字の文章を書きたいです。まずは、骨子を作ってください。

小学生向けプログラミング教室の選び方

はじめに
- プログラミング教育の重要性
- 小学生からプログラミングを学ぶメリット

1. 教室のカリキュラム内容
- ビジュアルプログラミング（Scratchなど）
- テキストベースプログラミング（Pythonなど）
- ロボット制御や電子工作
- プロジェクトベースの学習
- 各教室のカリキュラム比較

2. 教室の講師陣
- 講師の専門知識と経験
- 小学生への指導方法
- 講師の経歴や資格
- 実際の授業の見学ポイント

3. 授業の形式と頻度
- 対面形式の利点と欠点
- オンライン形式の利点と欠点
- ハイブリッド形式の特徴
- 授業の頻度と1回あたりの授業時間

4. 教材とサポート体制

タイトルや見出しの作成

本文を入れて、タイトルや見出しを作ることもできます。本文をChatGPTに貼り付ける際に、「以下の文章にタイトルを付けてください」「上記に15文字程度の見出しを、3案作ってください」などと入力しましょう。

どんなアウトプットがほしいのかを具体的にイメージして、ChatGPTに作成依頼をしましょう。

以下は、1,000文字程度の本文を入れて**「動画制作というキーワードを入れた大見出しを5案作ってください」**と依頼した際の、ChatGPTの回答です。

図1-11-5 ChatGPTの回答例

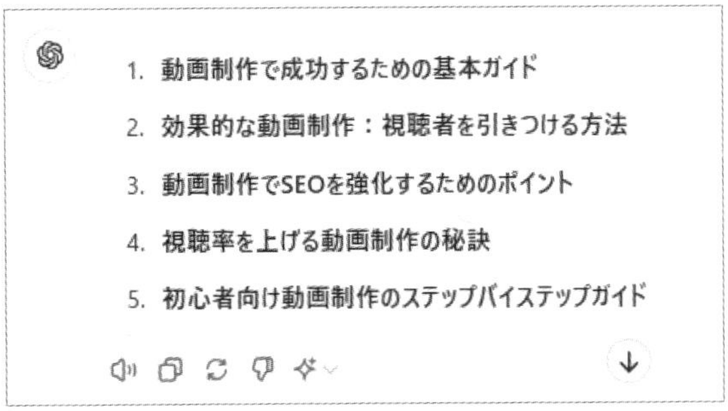

1. 動画制作で成功するための基本ガイド
2. 効果的な動画制作：視聴者を引きつける方法
3. 動画制作でSEOを強化するためのポイント
4. 視聴率を上げる動画制作の秘訣
5. 初心者向け動画制作のステップバイステップガイド

リライトする

本文を入れて、リライトを依頼することもできます。

自分で書いていると、同じような表現が続いてしまったり、言い回しが単調になってしまうこともあります。そんなときは、ChatGPTに「リライトしてください」「表現が単調にならないように、改善した文章を作ってください」などと依頼してみましょう。

自分では思いつかないような、新しい表現を提案してくれるかもしれません。

「専門用語を使わないように」や「小学5年生でも理解できるように」などと具体的な指示をするようにしましょう。

他にも、以下のようにさまざまなことをChatGPTを使って行うことができます。

- SEOの戦略立案
- キーワード選定
- ユーザーの検索意図の深堀り
- コンテンツのアイデア出し
- メタディスクリプションの作成
- 誤字脱字、表記のチェック

「百聞は一見に如かず」です。ぜひ、ChatGPTを使ってみてください。

COLUMN ○ ○ ○ ○ ○ ○ ○ ○ ○ ○

AI生成コンテンツに関するGoogle検索のガイダンス

2023年2月、Googleは『AI生成コンテンツに関するGoogle検索のガイダンス』を公表しました。その中で、AI生成コンテンツの位置づけについて詳しく説明しています。

Googleが創業以来、大切にしてきた「質の高いコンテンツの評価に重点を置く」という姿勢を継続すると同時に、役立つ情報を提供する能力をAIの力によって変革できることを信じて、AIの有効活用を重んじていることがわかります。

- コンテンツがどのように制作されたかではなく、その品質に重点を置く
- 検索結果のランキング操作を主な目的として、コンテンツ生成に自動化（AIを含む）を利用することはスパムに関するGoogleのポリシーに違反するが、AI生成のものを含めて、自動化を利用したコンテンツすべてがスパムであるとは限らないことを認識することは重要
- コンテンツの作成方法を問わず、Google検索で成功を収めるには、E-E-A-Tの品質を満たすオリジナルで高品質なユーザー第一のコンテンツの制作を意識

図1-11-A https://developers.google.com/search/blog/2023/02/google-search-and-ai-content?hl=ja

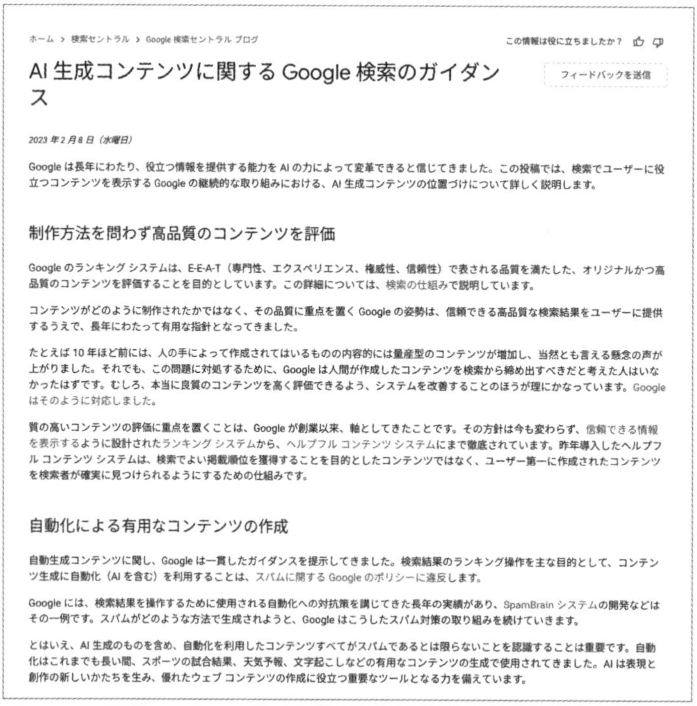

ホーム > 検索セントラル > Google 検索セントラル ブログ　　　　この情報は役に立ちましたか？ 👍 👎

AI 生成コンテンツに関する Google 検索のガイダンス

フィードバックを送信

2023 年 2 月 8 日 (水曜日)

Google は長年にわたり、役立つ情報を提供する能力を AI の力によって変革できると信じてきました。この投稿では、検索でユーザーに役立つコンテンツを表示する Google の継続的な取り組みにおける、AI 生成コンテンツの位置づけについて詳しく説明します。

制作方法を問わず高品質のコンテンツを評価

Google のランキング システムは、E-E-A-T（専門性、エクスペリエンス、権威性、信頼性）で表される品質を満たした、オリジナルかつ高品質のコンテンツを評価することを目的としています。この詳細については、検索の仕組みで説明しています。

コンテンツがどのように制作されたかではなく、その品質に重点を置く Google の姿勢は、信頼できる高品質な検索結果をユーザーに提供するうえで、長年にわたって有用な指標となってきました。

たとえば 10 年ほど前には、人の手によって作成されてはいるものの内容的には量産型のコンテンツが増加し、当然とも言える懸念の声が上がりました。それでも、この問題に対処するために、Google は人間が作成したコンテンツを検索から締め出すべきだと考えた人はいなかったはずです。むしろ、本当に良質のコンテンツを高く評価できるよう、システムを改善することのほうが理にかなっています。Google はそのように対応しました。

質の高いコンテンツの評価に重点を置くことは、Google が創業以来、軸としてきたことです。その方針は今も変わらず、信頼できる情報を表示するように設計されたランキング システムから、ヘルプフル コンテンツ システムにまで徹底されています。昨年導入したヘルプフル コンテンツ システムは、検索でよい掲載順位を獲得することを目的としたコンテンツではなく、ユーザー第一に作成されたコンテンツを検索者が確実に見つけられるようにするための仕組みです。

自動化による有用なコンテンツの作成

自動生成コンテンツに関し、Google は一貫したガイダンスを提示してきました。検索結果のランキング操作を主な目的として、コンテンツ生成に自動化（AI を含む）を利用することは、スパムに関する Google のポリシーに違反します。

Google には、検索結果を操作するために使用される自動への対抗策を講じてきた長年の実績があり、SpamBrain システムの開発などはその一例です。スパムがどのような方法で生成されようと、Google はこうしたスパム対策の取り組みを続けていきます。

とはいえ、AI 生成のものを含め、自動化を利用したコンテンツすべてがスパムであるとは限らないことを認識することは重要です。自動化はこれまでも長い間、スポーツの試合結果、天気予報、文字起こしなどの有用なコンテンツの生成で使用されてきました。AI は表現と創作の新しいかたちを生み、優れたウェブ コンテンツの作成に役立つ重要なツールとなる力を備えています。

Chapter 2

キーワードを決めよう
～SEO準備編～

SEOに取り組むうえで最も重要なのがキーワード選定です。どんなお客様と出会いたいかを考え、そのお客様が検索するキーワードを探しましょう。

キーワードはひとつに絞る必要はありません。たくさん洗い出して、いろいろなキーワードでお客様と出会えるように準備しておくべきです。

出会いの可能性をひろげるためのキーワード選定！　そんなふうに考えてください。

キーワード選びの"原則"をまずは押さえよう

誰と出会いたいですか？
キーワード選びの落とし穴

SEOに取り組む際に、最初に決めるのが「キーワード」です。どんなキーワードで上位表示を目指したいですか？　キーワードを間違えると、出会いたいお客様と出会えなかったり、せっかく1位になっても「実はそのキーワードは、誰も検索しないキーワードだった」なんていう大失敗になりかねません。

自慢していいですか？　実は僕のWebサイト、僕の名前で検索すると1位なんです。しかも、お店の名前で検索しても1位。これって、すごくないですか？

「素晴らしいですね」と言いたいところですが、お名前や店名で検索する人って、どんな人ですか？

知り合いとお店の常連さん。名前や店名をよく知っている人じゃないと、検索しないですよね。

そうですよね！
それでは、検索経由でWebサイトに来てほしい人は？

ターゲットを具体的に決めよう

インターネットの醍醐味は、「いつでも」「どこでも」「誰とでも」つながれるということです。

　例えば、東京都立川市の実店舗でハワイアンジュエリーを売っていたとしたら、立川市周辺のお客様しか来てくれないでしょう。テレビや雑誌に取り上げられたとしても、東京都心、神奈川、埼玉あたりから来てくれれば嬉しい、そのくらいの範囲ですよね（**図2-1-1**）。

　ところが、インターネットが普及した現在は、**「出会いの可能性」**はグンと広がります。

図2-1-1 実店舗の限界

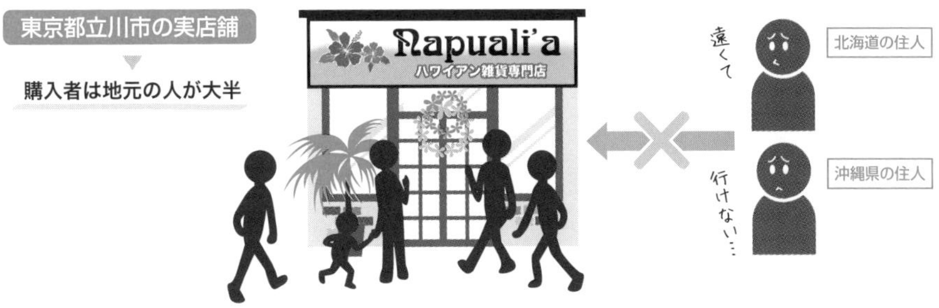

東京都立川市の実店舗
▼
購入者は地元の人が大半

北海道の住人

沖縄県の住人

遠くて　行けない…

インターネットのチカラ

いつでも 24時間365時間、インターネットがつながっていれば絶え間なくお客様と出会える可能性があります。自分が寝ている間でも、お客様がWebサイトに来てお買い物をしてくれるのです。

どこでも 東京都立川市にいても、小さな島にいても、インターネットがつながっていればどこでもお店は開けます。お客様も世界中からくる可能性があります。インターネットの世界では「商圏」という障壁がなくなりました。

誰とでも 「実店舗だって、誰とでも繋がれる」かもしれませんが、誰とでも繋がれる可能性が高いのは、だんぜんインターネットでしょう。検索ひとつ、クリックひとつで、ポンと世界の誰かを呼び寄せることができるのです。

　自分の名前を知っている人、自分の店名、ブログ名称を知っている人だけを相手にしていたらもったいないですよね。**自分のことを知らない人、実店舗では出会えないような遠方のお客様に来てほしいものです**（図2-1-2）。

　皆さんは、どんな人と出会いたいですか？

図2-1-2 Webには商圏という障壁がない

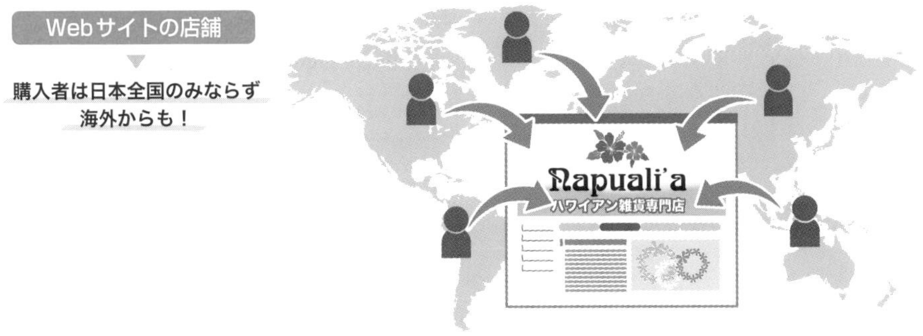

Webサイトの店舗
▼
購入者は日本全国のみならず
海外からも！

ターゲットだけが知っている真実のキーワード

あるクライアント様とミーティングをしていたときのことです。こんな会話がありました。

クライアント：うちは板金塗装の会社で、車の修理をやっています。SEOの相談をしたいのですが、キーワードは「板金塗装」にしたい。「埼玉　板金塗装」とか「浦和　板金塗装」で1位を狙っていきたいんです。

福　田：どんなお客様を想定していますか？

クライアント：女性かな。男性は、ちょっとしたキズや車の修理も自分でやろうとするから、女性全般を狙っていこうと思っています。

福　田：私も女性ですが、車にキズが付いたら「板金塗装」って入力しないと思います。「板金塗装」の意味が、イマイチよくわかりませんでした（笑）

クライアント：え？　では何と検索するんですか？

福　田：「車　キズ」とか「車　へこみ　修理」とか「車　塗装　はげた」とか「バンパー　外れた」とか「ウィンカー　折れた」……実体験です（笑）

この会話からもわかる通り、ターゲットが車好きの人や、自分で車の修理ができる人であれば、キーワードは「板金塗装」でいいかもしれません。

ところがターゲットが車に詳しくない人の場合、しかも車のキズを自分で直そうなんて少しも考えないような「車に疎い人」であれば、「板金塗装」とは入力しません。**車の状態そのもの**を検索窓に入力するのですね。

このクライアント様は、「板金塗装」ではなく、**車に疎い人が陥りそうな車のトラブルや、壊れやすい車のパーツなどを洗い出してキーワードにする**ことになりました。

今回、私がたまたま「車に疎い」というターゲットそのものだったので、「私自身がどんな言葉で検索するか」がキーワード決めのヒントになりました。

キーワードを決めるときは、**ターゲットを具体的に決めて、ターゲットがどんな言葉で検索するかを調査する**ことが大事です。

図2-1-3 ターゲットが違えばキーワードも変わる

COLUMN ○ ○ ○ ○ ○ ○ ○ ○ ○ ○

キーワード選定のワークシート

これは、私がセミナーを行うときに使うワークシートです。

以下の5つの質問について順番に考えていきながら、キーワードを浮き彫りにしていきましょう。

> Q：お客様はどんな人？　具体的に記入！
>
> Q：お客様はどんなことに困っている？
>
> Q：お客様はどんなときに検索をする？
>
> Q：お客様は何を知りたい？
>
> Q：お客様が検索するキーワードは？（可能な限り、たくさんのキーワードを
> ピックアップ！）

セミナーでは、個人で考え、そのあとで他業種の人とのグループディスカッションを行います。他業種の方と意見交換を行うことによって、お客様目線のキーワードをたくさん抽出することができます。

どちらで攻める!?

ビッグキーワードと
スモールキーワード

SEOのキーワードには、ビッグキーワードとスモールキーワードという考え方があります。魚釣りで「大きな魚を狙うか、小さな魚を狙うか」を考えてみてください。大きな魚は魅力的ですが、数自体が少なくライバルが多いという難しさがあります。その点、小さな魚は数が多くライバルが少ないので、すぐに捕まえられますよね？　ビッグキーワードを狙うかスモールキーワードを狙って収穫量を増やすか？　あなたはどちらを狙いますか？

ハワイ系のブログをやっているので、キーワードを考えるなら「ハワイ」がいいな！「ハワイ」って検索してくれる人には、全員私のブログを見てほしいです。

「ハワイ」で1位なんて、それは夢のような結果ですよね。

「ハワイ」で1位は難しいですし、そもそも「ハワイのこと全般」をブログに書いているわけではないので「ハワイ　ジュエリー」とか「ハワイアン　雑貨　かわいい」って検索してもらったほうが、ドンピシャなお客様と出会えるのではないでしょうか？

なぜ、ビッグキーワードを狙ってはダメなのか？

　SEOというと、ある特定のキーワードで1位を目指すと考えがちですが、そうではありません。いまどきのSEOは、**たくさんのキーワードで1位を目指していく**のが一般的です。

　例えば、「ハワイ」で1位になれたら嬉しいですよね？　でもそれはとても難しいです。なぜ難しいのかというと、その答えは「ハワイ」で検索してみたらすぐにわかると思います。

　図2-2-1のとおり、旅行関連の大手Webサイトが検索結果の1ページ目でひしめき合っています。「ハワイ」というキーワードで1位になるということは、これら大手Webサイトを押しのけて上に行くという意味です。

図2-2-1　「ハワイ」の検索結果

　これらのWebサイトも当然SEOに力を入れているでしょうから、「ここに自社のWebサイトを並べるのは相当な努力と時間が必要ではないか?」と想像できるわけです。

　「ハワイ」のように、**競合サイトが強く、さらに調べている人も多いキーワードのことを「ビッグキーワード」と呼びます。ビッグキーワードは対策が難しく、上位表示までに時間がかかるケースがほとんどです。**

　それでは、どんなキーワードを狙ったらいいのでしょうか?

スモールキーワードは上位表示がしやすい?

　ビッグキーワードの逆は、スモールキーワードです。例えば「ハワイ　ジュエリー　手作り」というキーワードは、スモールキーワードに該当します。

　「ハワイ」と検索する人に比べると、**検索している人数は少なくなりますが、ビッグキーワードと比較すると、スモールキーワードは断然ライバルが少なく、上位表示がしやすい**のです。

　キーワードにもよりますが、スモールキーワードを丁寧に対策していけば、わりと短時間でGoogleの検索結果の1位まで上り詰めることができます。

図2-2-2　キーワードごとの特徴

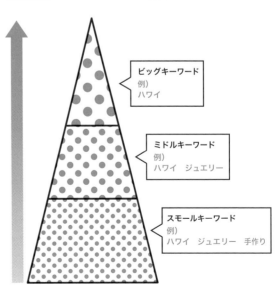

ビッグキーワード
例)
ハワイ

ミドルキーワード
例)
ハワイ　ジュエリー

スモールキーワード
例)
ハワイ　ジュエリー　手作り

スモールキーワードを狙うもうひとつの理由

「ハワイ」はビッグキーワードです。では、検索している人の気持ちを想像してみてください。

- ハワイに行きたい
- ハワイの歴史を調べたい
- ハワイのお菓子を買いたい
- ハワイの場所を調べたい
- ハワイのホテルを予約したい
- ハワイの島を調べたい

上記のどれも正解かもしれませんし、すべて不正解かもしれません。つまり**ビッグキーワードはユーザーの気持ち、検索意図がわかりにくいというデメリット**があります。

もし「ハワイのジュエリー」を扱っているブログをやっているとしたら、「ハワイ」という検索で来てもらっても、ユーザーに必要な情報を提供できないかもしれません。

一方、ミドルキーワードやスモールキーワードはどうでしょうか?

「ハワイ　ジュエリー」と検索している人は……、

- ハワイのジュエリーが買いたい／ほしい
- ハワイのジュエリーについて調べたい
- ハワイのジュエリーを売っているお店を探したい

あたりでしょう。「ハワイのジュエリー」を扱っているブログに来てもらえば、知りたいことを解決できますよね。

ということで、ミドルキーワードやスモールキーワードを狙って**具体的な目的をもったユーザーだけを集めたほうが、ユーザーの満足度も高まる**のです。

図2-2-3　お客様が具体的に想像できる

表2-2-1 ビッグキーワードとスモールキーワードの比較

	ビッグキーワード	スモールキーワード
月間平均検索ボリューム	多い	少ない
集客力	高い（多くの人に検索される）	低い（検索する人は少ない）
競合	多い	少ない
SEO難易度	上位表示まで時間がかかる	短時間で上位表示可能
コンバージョン	コンバージョンしにくい	コンバージョンしやすい
ユーザーの検索意図	わかりにくい	意図を想像しやすい
本気度／緊急度	低い	高い

COLUMN

ロングテールキーワードとは？

ロングテールキーワードとは、スモールキーワードとほぼ同じ意味です。キーワードを洗い出す際に、ビッグキーワードだけではなく、ミドルキーワード、スモールキーワードと幅広くキーワードを洗い出すことが大切です。洗い出したキーワードを検索数の多い順に並べてみると、左側にビッグキーワード、右側にスモールキーワードが並びます。

このグラフを恐竜に例えて、スモールキーワードの状態が恐竜のしっぽ（テール／tail）に見えるところから、「**ロングテールキーワード**」と呼ばれています。

図2-2-A ロングテールキーワード

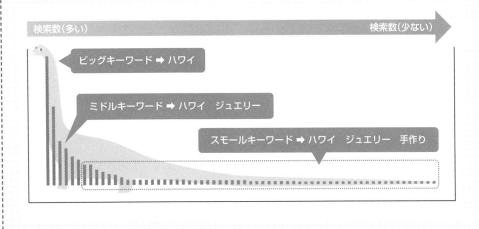

Lesson
2-3

「自分の頭でよく考える」これが大事

ツール不要！
キーワード選定の３ステップ

キーワード選定に使えるツールはたくさんありますが、その前に、自分たちの頭で考える時間をたっぷり持つことが大切です。ツールを使う場合でも、ツールに入れる最初の1語は決めなければいけませんし、自分たちで考えることによって、ツールでは洗い出すことができない重要なキーワードに出会う可能性もひろがります。

スモールキーワードをたくさん見つけることが大切だということはわかりましたが、「ハワイ　ジュエリー」などのキーワードをたくさん見つけるなんて……。
そんなに思いつきません。

キーワードを調べるために、ツールを使うことが手っ取り早いですが、その前に少し自分の頭で考える時間をもちたいと思います。ツールはヒントをたくさん出してくれますが、ヒントをもらうための準備が必要なんです。

ステップ① お客様のことを具体的に想像する

　キーワードを調べるツールはたくさんありますが、まずは自分の頭で、お客様のことを想像して「どんなキーワードで検索するだろうか？」と考えてみてください。

　そのとき、お客様は「男性か女性か？」「年齢は？」「どこに住んでいる？」「どんなことに困っていて、どういうタイミングで検索するのか？」「パソコンから検索するのかスマホを使うのか？」など、いろいろな角度からリアルに想像することが大事です。

　「ハワイ　ジュエリー」をメインのキーワードにするとしても、手作り志向の女性ターゲットなのか、高級志向の富裕層をお客様とするのかによって、キーワードも違ってきますよね。

　Webサイトに掲載するコンテンツも変わりますし、デザインにも影響が出ます。「どういう人をお客様にしたいのか？」を具体的に考えましょう。

ステップ② グループディスカッションで膨らませる

　ひとりで考えることに行き詰まったら、社員、スタッフ、同僚、仲間といっしょにディスカッションしてみましょう。いきなりツールを使って機械的に洗い出すのではなく、自分たちの経験、実績をバネにして頭で考えてみましょう。

図2-3-1 キーワード選定会議

ステップ③ お客様に聞く

　実店舗をもっている場合や、**直接お客様と会話できるチャンス**がある場合は、お客様に「どんなキーワードで検索してくれましたか？」と聞いてみてください。

　ある専門学校では、入学してきた生徒たちに「うちの専門学校のこと、ネットで調べた？」「どんなキーワードで検索したの？」というヒアリングを実施しました。すると生徒たちが高校2年生、3年生のときにどんなキーワードで検索したかを直接聞くことができました。

　当時は大学に行くか専門学校に行くかを迷っていたという男子生徒は「専門学校　大学　違い」や「大学　専門学校　公務員」など検索したと言います。

　キーワードには「専門学校」だけではなく「大学」というキーワードも大切だということがわかりました。またWebサイトに掲載しておくコンテンツとしても「大学と専門学校の違い」や「公務員になるなら大学か専門学校か！徹底比較」などのコンテンツも必要だとわかりました。

　生徒たちにインタビューしていると「実はお母さんが検索して見つけた」という生徒も出てきました。「うちは父親がネット検索した」なども多く、**保護者用のコンテンツも必要**だということが見えてきました。保護者は「費用」「学費」「就職」などのキーワードを入れることもわかり、キーワード選定の良いヒントを得ることができました。

図2-3-2 立場による検索キーワードの違い

上記の3ステップは、ツールを使う以前にやっておいてほしいキーワードの洗い出しです。

事例：ターゲット別にページへ誘導するコツ

　群馬法科ビジネス専門学校は、公務員を目指す人向けの専門学校です。専門学校を受験するのは高校生だけではありません。大学生や社会人もターゲットです。また受験生を抱える保護者や高校の先生、さらに在校生、卒業生も閲覧する可能性があります。

　専門学校として対外的に発信したい情報は、コース紹介、合格就職実績、対策セミナー、公務員の基礎知識、入学案内などたくさんあります。

　各ページへの導線は画面上部のナビゲーションバーから作られていますが、各ターゲットがどの情報から先に見ればいいかを迷わないようにするため、トップページの中段に「高校生の皆様へ」「保護者の皆様へ」などのバナーを用意しています。
「ターゲットが見るべき情報を迷わない」というメリットと同時に、専門学校側としても「見せたいコンテンツを確実に見てもらう」という効果が期待できます。

図2-3-3 群馬法科ビジネス専門学校

http://www.chuo.ac.jp/glc/

Lesson
2-4

ヒットしやすそうなキーワードを探す

Googleサジェストで
キーワードを洗い出そう

SEOに成功するために、ビッグキーワードだけを狙うのは危険です。スモールキーワードで数多くの上位表示を成功させ、いろいろなキーワードからの集客を目指すことが王道です。キーワードをたくさんピックアップするためには、インターネット上のツールを使う方法が効果的です。

 キーワードを洗い出せる無料ツールがあるそうですね。

 たくさんのツールがあります。「SEO ツール」と検索してみてください。たくさんのツールがヒットします。

 オススメの使いやすいツールを教えてください！

▌Googleサジェストってなに？

　検索窓にキーワードを入れたとき、「次に入力するのってこれですか？」という感じでキーワードの候補が表示されます。これを「**サジェスト機能**」と呼びます。サジェスト（suggest）は英語で「提案する」「勧める」「連想させる」などの意味があります。検索エンジンが検索している人に対して「キーワードの提案」をしているのです。

　例えば「サングラス」と入れると、「メンズ」「レディース」の他に「ブランド」「度付き」「おすすめ」「イラスト」などのキーワードが提案されます（**図2-4-1**）。

図2-4-1 「サングラス」のサジェスト

Google　🔍 サングラス　　　　　　　　　　　× 🎤 📷 🔍

🔍 サングラス
🔍 サングラス メンズ
🔍 サングラス ブランド
🔍 サングラス レディース

75

ここには、Googleのアルゴリズムによって、ユーザーごとにカスタマイズされた結果が表示されます。

MEMO ///
Googleの検索エンジンには、「オートコンプリート機能」が搭載されています。「自動補完機能」と訳すことができます。
オートコンプリート機能は、検索窓や入力フォームなどにおいて、過去に入力した内容の記憶等から、次に入力する内容を予測して表示してくれる機能です。
オートコンプリート機能によって、ユーザーの入力ミスが減り、検索スピードを上げるなどのメリットがあります。

Googleサジェストを一括表示するツール

Googleは、Googleサジェストのアルゴリズムについて詳細な公表は行っていませんが、検索ユーザーの過去の検索内容や、他のユーザーが頻繁に検索するキーワード、旬なキーワードなどから候補が選ばれています。

ユーザーごとにカスタマイズされていて、ユーザーの検索履歴、検索を行っている地域によっても、サジェスト候補が変化します。

このようにGoogleは「すべての検索ユーザーにとって、便利で役に立つ検索エンジンでありたい」と願っているため、ユーザーがどんなキーワードを組み合わせて検索しているのかを「情報」として蓄積しています。これを、キーワード選定に利用すれば、多くのユーザーが検索するキーワードをピックアップすることができます。

Googleサジェストを見つけるためのツールは、インターネット上に数多く存在しています。

代表的なツールとしては、以下のものがあります。

グーグルサジェスト キーワード一括DLツール
http://www.gskw.net/

❶キーワード欄に検索したいキーワードを入力して「検索」ボタンをクリックしてみてください（図2-4-2）。Googleサジェストのキーワードが一覧で表示されます。
❷さらにキーワードの「＋」のマークをクリックすると、3語目、4語目のキーワードも表示してくれます（図2-4-3）。
❸「キーワード候補一覧」の上下にある「csv取得」ボタンをクリックして、洗い出したキーワードをcsvファイルで保存することも可能です（図2-4-4）。

図2-4-2 トップページ

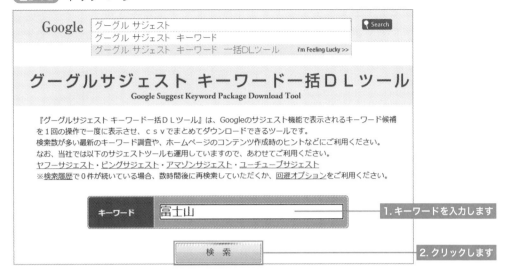

図2-4-3 さらにキーワードを表示する

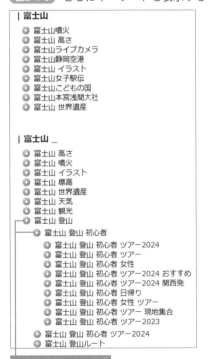

図2-4-4 キーワードを一括保存

キーワード候補一覧 （キーワード：富士山）

4. クリックします

Google以外のサジェストもチェック

Googleサジェストは、Googleで検索したときにのみ有効です。YouTubeやAmazon、楽天市場など検索するツールが異なれば、サジェストも当然異なってきます。

「Google以外で検索する際は、どんなキーワードを2語目、3語目に入力するのだろう?」と思ったら、次のツールを使ってみましょう。

ラッコキーワード

https://related-keywords.com/

図2-4-5 Amazonや楽天などのサジェストを探す

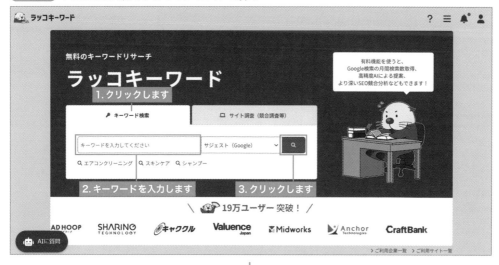

図2-4-6 キーワードがリストされる

Lesson 2-5

膨大なキーワードから最適なものを選ぶには？

キーワードプランナーで
キーワードの需要を調べよう

いろいろなツールを使ってキーワードを洗い出す作業は、発見も多く、夢中になってしまう人も多いものです。ふと気が付くと数百、数千のキーワードが出てくる場合もあります。そして、途方に暮れるでしょう。「こんなにたくさんのキーワード、どれから手を付ければいいのだろう？」と。

ツールを使ってキーワードを洗い出していたら、「ハワイ　クッキー」「ハワイ　コーヒー」「ハワイ　コスメ」「ハワイ　焼肉」とか出てきちゃって……。あれもこれもやりたくなってしまった～。

意外なキーワードが出てきたり、知らなかった言葉が出てきたりと、ツールを使うと好奇心が刺激されて、時間を忘れて調べちゃいますよね。

「ハワイ　焼肉」なんて調べる人いるの？　ビックリ！
でも、調べている人がたったひとりだったりして（笑）

「Googleキーワードプランナー」で検索需要を調べよう

「どのキーワードから対策していくべきか？」と優先順位を付ける際に、目安にしたいのが「**検索需要**」です。検索需要とは、文字通り「需要があるキーワード」であるかどうかという指標です。

検索需要を調べるためのツールとして有名なのが、「**Googleキーワードプランナー**」（以降、キーワードプランナー）です（**図2-5-1**）。

例えば「**ハワイ　焼肉**」と検索する人は、何人いるのか調べてみましょう。

図2-5-2では、月間平均検索ボリュームが1,600回と表示されました。「**ハワイ　焼肉**」というキーワードは、月に平均1,600回検索されるという意味です。

一方、「**ハワイアン　ジュエリー**」の月間平均検索ボリュームが40,500回なので、検索需要で考えると「**ハワイアン　ジュエリー**」のほうが検索需要の高いキーワードだということになりますね（**図2-5-3**）。

図2-5-1 キーワードプランナー

https://ads.google.com/intl/ja_jp/home/tools/keyword-planner/

図2-5-2 「ハワイ 焼肉」の検索需要

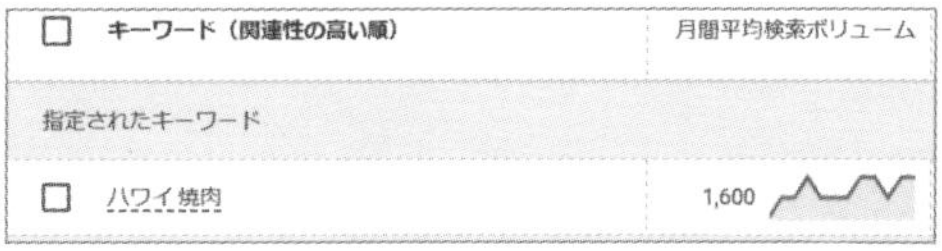

□ **キーワード（関連性の高い順）**	月間平均検索ボリューム
指定されたキーワード	
□ ハワイ焼肉	1,600

図2-5-3 「ハワイアン ジュエリー」の検索需要

□ **キーワード（関連性の高い順）**	月間平均検索ボリューム
指定されたキーワード	
□ ハワイアンジュエリー	40,500

MEMO ///
キーワードプランナーで具体的な数値を取得するためには、Google広告への登録が必要です。

キーワードの季節要因を考慮しよう

月間平均検索ボリュームに「平均」と書いてあるのは、季節変動を考慮しているということです。
例えば「**ハワイ　焼肉**」は年間を通してどの時期でも同じくらいの検索数ですが（**図2-5-4**）、「**水着**」というキーワードを調べてみると、6月、7月、8月に検索が集中していることがわかります（**図2-5-5**）。このグラフは、キーワードプランナーで調べたいキーワードを入力すると、結果の画面の上に表示されます。
月間平均検索ボリュームは、年間の検索ボリュームを月ごとの平均で割り出した数値であるということを覚えておきましょう。

図2-5-4 「ハワイ 焼肉」は年間通して変わらない

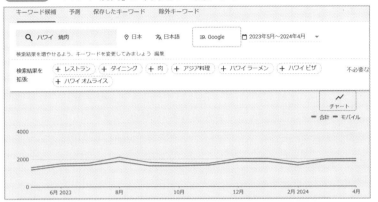

図2-5-5 「水着」は6〜8月に検索ボリュームが増加

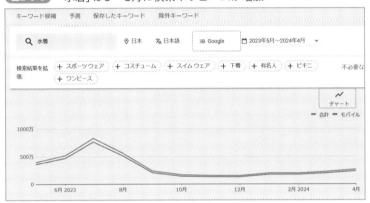

COLUMN ○ ○ ○ ○ ○ ○ ○ ○ ○ ○

あるケーキショップのクリスマス対策とは？

　あるケーキショップでは、クリスマスの時期に「クリスマスケーキ」で検索上位になるように、5月くらいから本格的にSEOを開始しました。SEOに力を入れても、順位が上がってくるためには時間がかかります。「クリスマスケーキ」はビッグキーワードなので、「クリスマスケーキ　○○○」というロングテールキーワードをたくさん洗い出し、ひとつひとつ対策する必要がありました。

　ビッグキーワードである「クリスマスケーキ」はライバルも多く、上位表示は難しいですが、「クリスマスケーキ　○○○」「クリスマスケーキ　○○○　○○○」など、2語、3語の組み合わせのキーワードであれば、結果が出やすい場合もあります。

　季節的、時期的な判断をして、早めにSEOをスタートするためにも、「キーワードプランナー」は便利なツールです。

キーワードプランナーの使い方

キーワードプランナーは、検索窓に入力したキーワードに関連するキーワードを洗い出し、各キーワードの月間平均検索ボリュームを調べてくれます。

図2-5-6を見ると、「**水着**」の月間平均検索ボリュームは「368,000回」ということになります。「**水着 レディース**」が「90,500回」、「**水着 可愛い**」が「90,500回」、「**スクール 水着**」が「60,500回」など、キーワードによって月間平均検索ボリュームが異なるのがわかります。

どんなキーワードが検索需要が高く、どんなキーワードが検索需要が低いのか、検索という観点でのキーワードの価値を比較していきましょう。

図2-5-6 月間平均検索ボリュームを比較する

	キーワード	↓ 月間平均検索ボリューム		3か月の推移	前年比の推移	競合性
	指定されたキーワード					
☐	水着	368,000		0%	+50%	高
	キーワード候補					
☐	ビキニ	110,000		0%	0%	低
☐	水着 レディース	90,500		+83%	-63%	高
☐	水着 可愛い	90,500		+49%	-18%	高
☐	可愛い 水着	90,500		+49%	-18%	高
☐	スクール 水着	60,500		+50%	-18%	低
☐	競泳 水着	49,500		+22%	0%	低
☐	中学生 水着	40,500		+22%	0%	低
☐	水着 女子	33,100		+49%	+83%	高
☐	水着 中学生	27,100		+22%	+22%	中
☐	水着 メンズ	22,200		+49%	-18%	高
☐	水着 ワンピース	18,100		+49%	-33%	高
☐	メンズ 水着	18,100		+50%	-18%	高
☐	水着 高校生	18,100		0%	+50%	高
☐	小学生 水着	18,100		+22%	-18%	中
☐	パレオ	18,100		+174%	+83%	中
☐	レディース 水着	14,800		+49%	+49%	高
☐	水着 大人	14,800		0%	+22%	高
☐	ワンピース 水着	14,800		+22%	-18%	高

キーワードプランナーでの調査結果は、画面右上の「キーワード候補をダウンロード」のボタンからダウンロードすることができます。csv形式のデータで取得できるので、検索需要(月間平均検索ボリューム)の多い順にキーワードを並べ替えたり、検索需要の少ないキーワードを削除したりと、データの編集も自由自在です。

たくさん洗い出したキーワードのうち「どのキーワードから対策すればいいのかな?」と迷ったら、「キーワードプランナー」を使ってキーワードの優先順位を検討しましょう。

COLUMN ○ ○ ○ ○ ○ ○ ○ ○ ○ ○

関連性の高いキーワードを探す

キーワードプランナーはいろいろな設定ができ、多角的にキーワードの抽出ができるツールです。

図2-5-6を見ると、「**水着**」というキーワードを入力したにもかかわらず、「**ビキニ**」や「**パレオ**」といった「**水着**」を含まないキーワードも表示されています。

「**水着**」を含むキーワードだけを表示させたい場合は、「フィルタを追加」をクリックし、「次を含む」で「**水着**」と入力しましょう。テキストによる一致にチェックを入れて「適用」すれば、「**水着**」を含むキーワードだけが表示されるようになります。

図2-5-A フィルタの設定

図2-5-B 検索結果の変化

Lesson 2-6　将来を見据えてじっくり考えよう

キーワードに優先順位を付ける判断基準とは？

キーワード選定の終盤です。リサーチを終え、どのキーワードをメインで狙っていくかを決断するときです。今後のWebサイト運営全体に関わってきますので、キーワードや競合も重要ですが、自社として「得意なこと・好きなこと」という観点も忘れずに判断を進めてください。

「ハワイアン　ジュエリー」の月間平均検索ボリュームは40,500回。私は、このキーワードで1位になりたい！

そうですよね。1位になれば40,500人の目にとまるということ。こればビッグチャンスですよ！

そんなに安易に決めないほうがいいです。お二人が飛びつくように、ほかの人も同じように考えるわけですから……

メインのキーワードを決める

　キーワードを真剣に調べていくと、ある程度立派な「キーワードの一覧表」ができあがります。

　大切なのは、自社のWebサイトで狙っていくキーワードとして**「メインのキーワードを何にするか」**ということです。「Webサイトのトップページを、どのキーワードで1位にしたいか」と言い換えてもいいでしょう。

　たとえば**「ハワイアン　ジュエリー」**をメインキーワードとする場合は、**「ハワイアン　ジュエリー　ネックレス」**をメインキーワードとする場合よりも、Webサイトとしてカバーすべき範囲がひろくなりますよね。

　「ハワイアン　ジュエリー」のWebサイトには、ネックレスもリングもピアスもブレスレットも

含まれます。レディースもメンズも含まれますし、ブランド物も手作り小物も入ってきます。

　一方、「**ハワイアン　ジュエリー　ネックレス**」をメインキーワードとすれば、ネックレス専門店として、**徹底的にネックレスに集中すればよい**ことになります。もっと絞って「**ハワイアン　ジュエリー　ネックレス　メンズ**」などとすれば、もっと守備範囲は狭く、ニッチになっていきます。

図2-6-1　キーワードの組み合わせがカバーする範囲

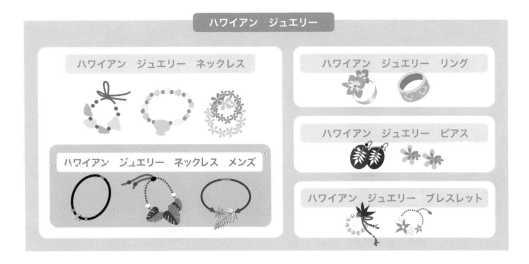

▌競合を調査せよ

　売り上げを大きく伸ばしたい場合、やはり大きい市場を狙っていきたくなるものです。**「どの規模を狙ったらいいだろう？」と考えるときのヒントになるのが、競合調査です。**

　たとえば「**ハワイアン　ジュエリー**」と検索してみて、1位のWebサイトから順にクリックしてチェックしてみましょう。商品点数が多いところ、歴史のありそうなところ、売れていそうなところ、楽天市場やAmazon内のお店……。こういったところがライバルとなります（**図2-6-2**）。

　大きな市場には、大きなライバルが大勢ひしめいています。「ここで戦えるかな？　いまから新参者として入っていて、原状1位のWebサイトを押しのけて上に上がれるかな？」と考えてみましょう。

　それでは、「**ハワイアン　ジュエリー　ネックレス**」「**ハワイアン　ジュエリー　ネックレス　メンズ**」などはどうでしょう？　キーワードを変えて実際の検索を行い、上位10サイトがどんな感じかチェックしましょう。

　最初は、小さな市場を狙っていくのも、ひとつの手です。**ニッチなキーワードで1位になって、次の市場、次の市場とひろげていくのも戦略です。**

図2-6-2 検索すればライバルがわかる

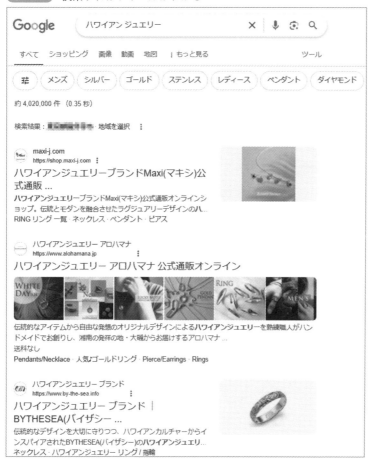

プラン①

　将来「**ハワイアン　ジュエリー　ネックレス**」で1位になることを目指して、メンズから始めてみる。

プラン②

　将来「**ハワイアン　ジュエリー　メンズ**」で1位になることを目指して、ネックレス、リング、場合によってはピアス、ブレスレットと順に1位を目指す。

Lesson
2-7

サイトの骨格を決めるのはとても大事

キーワードをもとに作る
サイトマップ

キーワードの選定が終わったら、キーワードを考慮しながらWebサイトの全体設計を行っていきます。既にWebサイトをもっている場合は、各ページにキーワードを割り当てていく方法もあります。新規でWebサイトを立ち上げる場合は、重要なキーワードが対策できるようなサイト構成を考えていきましょう。

キーワードを眺めていたら、いろいろなアイデアが浮かんで、ワクワクします。

最初はスモールスタートで、ニッチなキーワードを攻めようかな？

洗い出したキーワードをどう料理するか、腕の見せ所ですね。

▌サイトマップとは？

　サイトマップとは、Webサイトの地図のことです。どういう構成のWebサイトを作るかを考え、ツリー構造で整理したものを指します。用途に応じて、次の2つのタイプがあります。

①Webサイト構築のためのサイトマップ

　まずはWebサイト構築のために、自分なりに見やすいサイトマップを作ってみましょう。手書きでもOKですので、どんなWebサイトを作っていくのかをデザインします。

図2-7-1 Webサイト構築用

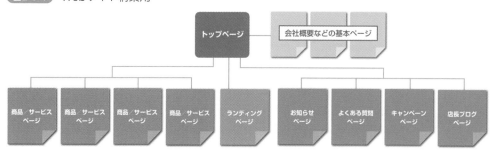

②**SEOのためのサイトマップ**

Googleの検索エンジンのロボット用に、**XMLサイトマップ**を作ります。詳細は、「Lesson 3-7 サイトマップの作成とGoogleへの通知➡P.115」で説明します。

> **MEMO** //
>
> XMLサイトマップとは、Webページのリストを指定してGoogleや他の検索エンジンにサイトのコンテンツの構成を伝えるファイルです。Googlebotなどの検索エンジンのWebクローラは、このファイルを読み込んで、より高度なクロールを行います。

Webサイト構築のためのサイトマップを作る

「どんなWebサイトにしようかな〜」と想像して、絵を描くことは楽しいものです。このとき、キーワードへの配慮を忘れないようにしましょう。

例えば「**ハワイアン　ジュエリー　メンズ**」をメインキーワードにする場合、以下のようなサイトマップも1案です。

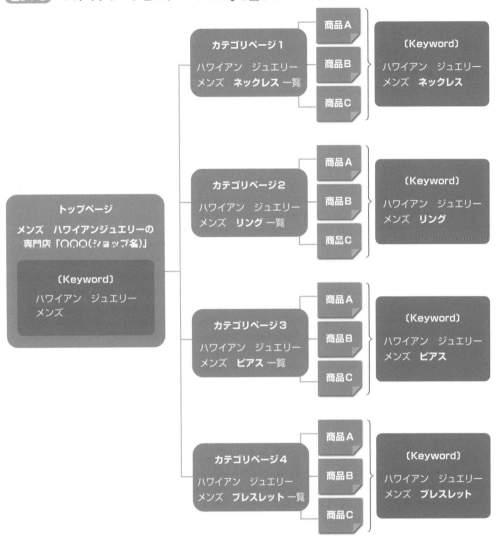

図2-7-2 「ハワイアン ジュエリー メンズ」を狙うサイトマップ

トップページ
メンズ ハワイアンジュエリーの
専門店「○○○(ショップ名)」
〔Keyword〕
ハワイアン ジュエリー
メンズ

カテゴリページ1
ハワイアン ジュエリー
メンズ ネックレス 一覧

商品A
商品B
商品C

〔Keyword〕
ハワイアン ジュエリー
メンズ ネックレス

カテゴリページ2
ハワイアン ジュエリー
メンズ リング 一覧

商品A
商品B
商品C

〔Keyword〕
ハワイアン ジュエリー
メンズ リング

カテゴリページ3
ハワイアン ジュエリー
メンズ ピアス 一覧

商品A
商品B
商品C

〔Keyword〕
ハワイアン ジュエリー
メンズ ピアス

カテゴリページ4
ハワイアン ジュエリー
メンズ ブレスレット 一覧

商品A
商品B
商品C

〔Keyword〕
ハワイアン ジュエリー
メンズ ブレスレット

Lesson 2-7

キーワードをもとに作るサイトマップ

　トップページでは「**ハワイアン　ジュエリー　メンズ**」を狙い、第2階層では「**ハワイアン　ジュエリー　メンズ　ネックレス**」「**ハワイアン　ジュエリー　メンズ　リング**」などを狙っていきます。どのページでどのキーワードを狙うかを考えながら、サイトマップを作っていきましょう。

　「**ハワイアン　ジュエリー　メンズ　選び方**」というキーワードを狙いたいと思えば、読み物コンテンツとして「メンズ向けハワイアンジュエリーの選び方」というページを作れば対策となります。

　「**ハワイアン　ジュエリー　メンズ　コーディネート**」というキーワードを狙いたいと思えば、「スタイリストに聞く！ハワイアンジュエリーのコーディネート講座」などのコンテンツを用意することもできそうです。あらかじめサイトマップをしっかり作り、各ページにキーワードを割り当てていく方法をオススメします。

COLUMN ○ ○ ○ ○ ○ ○ ○ ○ ○ ○

SEOのための有料ツール

キーワード選定や競合調査では、有料の
ツールの活用も検討しましょう。代表的な
ツールに「ahrefs」があります。「ahrefs」
は、世界60万人以上が導入しているSEO
分析ツールです。

図2-7-A SEO分析ツール「ahrefs」

URLを入れるだけで、そのWebサイトの分析ができます。例えば、URLに対するドメインラン
ク、被リンク数、参照ドメイン数、自然検索でのキーワードやトラフィック数、広告でのキーワー
ドやトラフィック数も把握できます。

図2-7-B URLを入力してWebサイトを分析する

また、Webサイトのパフォーマンスをグ
ラフで表示することも可能です。

例えば、競合のURLを入れて調査すれ
ば、競合のWebサイトを分析するのに役
立ちます。

最初は無料のSEOツールで十分だと思
いますが、「ahrefs」のような有料ツール
の導入も検討してみましょう。

図2-7-C パフォーマンスをグラフで表示

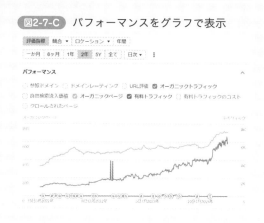

Chapter 3

SEOに最適なWebサイト制作
〜サイト構築編〜

Webサイトを立ち上げる際は、SEOに重要な決め事がたくさんあります。Webサイトの名称、ドメイン、URLの命名ルールなどもしっかりと決めておきましょう。Webサイトの制作方法によっては、自分で更新しにくくなってしまうケースもあります。運営段階まで視野に入れて、内製するのか外注するのかも検討しましょう。

Lesson 3-1 あとから変えにくいので超重要！
SEOを意識した Webサイト名の決め方

Webサイトを作る際、サイト名はとても重要です。お客様に名前を覚えてもらうこと、愛着をもって呼んでもらえることも大切ですが、SEOの観点ではキーワードを含めた名称を付けることも大切です。

どんな名前にしようかな？ Webサイトの名称は、子どもの名前を考えるみたいに、わくわくしますね。

呼びやすさとか音の響きとか…こだわっちゃいます。

子どもの名前にキラキラネームを付ける方もいますよね。Webサイトの名称は、ユーザーにとってわかりやすいことが重要です。

わかりやすいWebサイト名を付けよう

インターネット上にはたくさんのWebサイトがあり、検索ユーザーは目的のWebサイトにたどりつくまでにいくつものWebサイトを開いては閉じ……を繰り返します。

自社のサービスを探しているお客様が訪問してきた際に、「ここだ」と思ってもらえるように、Webサイトは、わかりやすい名称を付けましょう。

Webサイトに初めて訪問したお客様が名称を見て、

- そのWebサイトが何を扱っているのか
- 何が得意なのか
- 何を解決してくれるのか

などを把握できることが望ましいです。

Webサイト名は、自分の好きな言葉、愛着のわく名前を付けることも大切ですが、**お客様にとってわかりやすい名称**を付けるようにしましょう。

Webサイトの名称にキーワードを含める

SEO的に考えるなら、**Webサイトの名称に「狙っているキーワード」を入れておく**ことをオススメします。

Webサイトの名称は、通常、自社のすべてのページに記載されます。SEOで狙うキーワードがWebサイトの名称に入っていれば、**すべてのページにキーワードが盛り込まれる**結果になります。キーワードの出現頻度という観点でも、SEO的に有利となります。

事例：キーワードを含み、ユーザーにわかりやすい名称

会社名とWebサイトの名称は、一致させる必要はありません。例えば、DCアーキテクト株式会社は「薬事法広告研究所」というWebサイトを運営しています（**図3-1-1**）。

DCアーキテクト株式会社のWebサイトは、コーポレートサイトとしての役割を果たしています。一方「薬事法広告研究所」のWebサイトは、薬事法に関して情報を集約した研究所スタイルのWebサイトとして、薬事法関連のキーワードに強いWebサイトとして成り立っています。

薬事法に関する詳しい情報、ノウハウが蓄積された「薬事法広告研究所」は「薬事法」というビッグキーワードでの上位表示、さらに、「薬事法 広告」や「薬事法 研究」でも、上位表示されています。

図3-1-1 DCアーキテクト株式会社（上）と薬事法広告研究所（下）

https://info.dc-arch.co.jp/

https://www.89ji.com/

サブタイトルや枕詞的にキーワードを入れる

Webサイトの名称にキーワードを含めることができない場合は、サブタイトルや枕詞的にキーワードを入れておきましょう。

✕	あいうえおショップ
○	50歳からのダイエット食品　あいうえおショップ

「あいうえおショップ」ではキーワードが含まれませんし、何を扱っているかわかりません。
「**50歳からのダイエット食品**」というサブタイトル（枕詞）を付けておけば、「**50歳　ダイエット**」という検索キーワードに合致します。初めて訪問したお客様にとっても、「何を扱っているのか」が明確です。

同じWebサイト名がないか確認する

Webサイトの名称がある程度決まったら、類似のWebサイト名が存在しないかどうかをチェックしましょう。

似たようなWebサイト名は、お客様にとってもわかりにくいものです。またSEOの面でも、直接のライバルになる可能性があります。

他社によって商標登録されている場合は、あとから使用することができませんので要注意です。

自社のWebサイト名を守りたい場合は、商標登録も検討しましょう。

COLUMN

指名買いされるようになろう

　Webサイトを立ち上げてまだ知名度が低い間は、さまざまなキーワードでの流入があります。SEOでの取り組みも、さまざまなキーワードで検索されることを目指してキーワードの洗い出しやコンテンツの追加を行っていくことになります。

　例えば「50歳からのダイエット食品　あいうえおショップ」の場合、知名度が低い間は「50歳　ダイエット」「ダイエット　食品　女性」「ダイエット食品　価格」など、ダイエットに関するさまざまなキーワードで検索されるでしょう。

　ただし、これらの**キーワードで検索されている間は「競合との比較」を避けて通れません。**商品の比較、価格比較、レビューの比較、運営会社の比較など、ユーザーの目は厳しいものがあります。

　Webサイトのファン、商品のファン、会社のファンができてくると、ユーザーの気持ちは「ダイエット食品を買うなら、あいうえおショップで買う」という感じに切り替わってきます。つまり、検索するときに「あいうえおショップ」と検索してくれるようになるのです。

図3-1-A 指名買い

あなたの
Webサイトで
買います！

　これが指名買いです。**指名買いされるようになれば、他社との比較もされません。**指名買いしてもらえるように、ファン作りやファン育成も考えましょう。

　指名買いの際に、Webサイトの名称が思い出せなかったら機会損失です。**Webサイトの名称はユーザーにわかりやすく、覚えやすいもの**にしておくことが重要です。

どんなURLにしたら有利なの？

SEOを意識した ドメインの決め方

Webサイトを制作する場合、Webサイトを公開する場所が必要です。たくさんのWebサイトの中で自分のサイトの場所を特定するという意味でも、お客様にわかりやすい（探しやすくて覚えやすい）ドメインを考えましょう。

名刺に自分のWebサイトのURLを入れたいと思っているんですが、勝手に決めてもいいものですか？

ドメインですね。他社と被らなければ、勝手に決めても大丈夫ですが、新しい住所を決めるという意味なので、じっくり考えて決めてください。

ドメインとは

ドメインとは、インターネット上の住所のことです。新しいWebサイトを作るということは、インターネット上に新しい住所を借りて家を建てるのと同じ意味です。

図3-2-1 ドメインは家の住所

家がホームページ
（Webサイト）

住所がドメイン

http://xxxxxx.co.jp/yyyyyy

　例えば「gliese.co.jp」は、筆者の会社（グリーゼ）のドメインです。インターネット上のこの場所に、グリーゼの公式Webサイトがあるということを宣言しています。

　ドメインの末尾の「co.jp」の部分には意味があります。「co」はcorporate（会社）の略、「jp」はJapan（日本）の略です。つまり「co.jp」は、日本企業のコーポレートサイトの意味になります。

他にも、以下のようなドメインがあります。

表3-2-1 主なドメインの種類

末尾	意味
.com	営利組織向け
.net	networkの略。ネットワーク関連向け
.org	非営利組織向け
.info	informationの略。情報サービス向け
.biz	businessの略。ビジネス用途向け
.name	個人向け
.ne.jp	ネットワークサービス向け
.ac.jp	教育機関向け（大学）
.go.jp	政府機関・特殊法人向け
.jp	Japanの略
.us	United Statesの略

Webサイトを作る場合は、Webサイトの特徴に合わせて独自ドメインを取得しましょう。

お客様にわかりやすいドメイン名を付ける

ドメインの種類を決めたら、ドメイン名を決めましょう。
コーポレートサイトの場合は、企業名を付ければよいのでドメインを決めやすいでしょう。

Webサイトの名称	ドメイン名
株式会社グリーゼ	gliese.co.jp

　SEOを考慮したい場合は、ドメインにSEOのキーワードを入れておくと効果的です。Webサイトの名称とドメインが一致していることも、わかりやすさにつながります。
　理想的な考え方としては、**SEOに効果的なWebサイト名を付けて、Webサイト名と合致したドメイン名を取得する**という方法がベストです。

例 ホテルの場合

サイト名	○○hotel
ドメイン	○○hotel.com

例 ペットショップの場合

サイト名	○○PetShop
ドメイン	○○pet.com

他社の例でも、Webサイト名称とドメインを一致させている例が多くあります。

Webサイトの名称	ドメイン名
スキンケア大学	skincare-univ.com
楽天市場	rakuten.co.jp

ドメインの取得方法

ドメインは住所なので、すでにその住所が使われている場合は、使うことができません。

希望のドメインが既に使われているかどうかは、「名づけてねっと」のようなドメイン管理運営会社のWebサイトなどで確認することができます。

図3-2-2　名づけてねっと

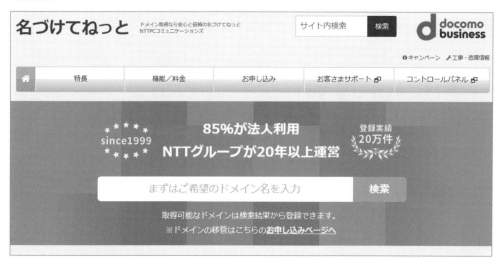

https://www.nadukete.net/

例えば「名づけてねっと」のページでは、希望のドメイン名を入れて「検索」ボタンをクリックすると、すでに使われているか利用可能かどうかがわかります。利用できるドメイン名については検索結果から登録することができます。

また、ドメインを取得する場合も、ドメイン管理運営会社で申請を行います。

Lesson 3-3

ユーザーとGoogleに信用されるために

SSL暗号化通信に対応しよう

インターネットを誰もが利用する時代、ECサイト利用率の高まり、クレジットカードやデビットカードでの決済、電子ウォレットなども一般的になってきました。スマートフォン等を利用して、いつでもどこでもインターネットに接続できるようになり、お客様もセキュリティや個人情報への意識が高くなっている現代。Webサイト運営者にとっても、セキュリティに対する知識が不可欠です。

いまはクレジット決済が当たり前になりましたけど、インターネットのセキュリティって万全なのでしょうか？

盗聴、改ざん、なりすまし……インターネット上でやり取りする情報は常に狙われています。

サイト運営者として、セキュリティのことも知っておかないといけませんね。暗号化しておけば安心ですか？

SSL暗号化通信ってなに？

SSLとは、Secure Sockets Layerの略です。インターネット上でやり取りされる情報を暗号化することによって、個人情報やクレジットカード情報などの重要なデータを安全に守るためのセキュリティ技術です。

SSL導入済みのWebサイトのURLは、「**https://**」から始まります。

SSL暗号化されていないWebサイト	SSL暗号化されているWebサイト
http://	https://

Google Chromeなどのブラウザでは、SSL化されていないWebサイトに対して、警告が表示されます。

図3-3-1 Chromeの警告の表示

サイトの接続が安全かどうかを確認する

Chrome では、安全にブラウジングできるようにするため、アクセスすると危険な可能性のある
サイトを検出して警告を表示します。サイトが安全でない可能性がある場合は、サイトアドレス
の横のアイコンが変わります。

1. Chrome でウェブページを開きます。
2. サイトのセキュリティを確認するには、ウェブアドレスの左側にある安全性を示すアイコンを
   確認します。
   ・ ⊙• デフォルト（保護されている）
   ・ ⓘ 情報、または保護されていない通信
   ・ ⚠ 保護されていない通信、または危険
3. サイトのプライバシーの詳細と権限の概要を確認するには、アイコンをクリックします。

https://support.google.com/chrome/answer/95617?hl=ja

　インターネットが普及して、誰もがインターネットを利用する時代になったこともあり、セキュ
リティに対する重要性、必要性はますます高まっています。

　Webサイト運営においては、SSL暗号化は、当たり前のことだと認識してください。世界主要企
業の約9割、国内主要企業の約10割が常時SSL化に対応しているというデータもあります。

　「SSL暗号化されている Web サイトかどうか」は、お客様がURLを見ればすぐに判断できること。
お客様からの安心感、信頼感を得るためにも、SSLを導入しておくことをオススメします。

図3-3-2 SSLあり・なしの大きな違い

http:// ということはSSLを
導入していないWebサイト。
個人情報やクレジットカード情報を
入力するのは不安だな〜

https:// ということはSSL導入済み！
お客様のことを考えてセキュリティ
意識高いWebサイトだな。
暗号化されているから、個人情報や
クレジットカード情報を入力しても安心！

ページごとのSSLと常時SSL

　以前は、SSLの導入方法としては、個人情報やクレジットカード情報を入力する「フォーム」の付いているページだけにSSLを導入する方法と、すべてのページに対してSSLを導入する方法（常時SSL）がありました（**図3-3-3**）。

　SSLを導入するためには「費用がかかる」「手続きが必要」などの負担もありますが、SSL導入済みのページは安心であることの証明になります。

　常時SSL化を検討しましょう。

図3-3-3　すべてをカバーする常時SSL

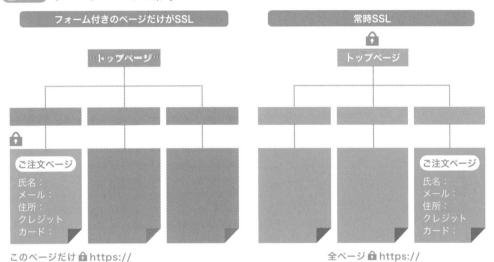

SSLとSEOの関係

　Googleは、「最終的にすべてのHTTPページで警告表示する」方針としてセキュリティ強化を進めています。その理由は、Googleの基本方針のとおり「ユーザーの利便性を第一に考えている」ためです。ユーザーの利便性を高めることが、SEOにも直結するのです。

Lesson 3-4

内部リンクで回遊率アップ

SEOに効果的な サイト構成を考える

Webサイトの立ち上げは、初期設計が大切です。商品ページ、読み物ページ、事例、FAQ、会社概要……など、盛り込みたいコンテンツをわかりやすく掲載し、後から追加する際も掲載場所に迷わないために、ツリー構造でのサイト構成を考えましょう。

Webサイトには商品情報だけでなく、商品に関するコラムや開発ストーリーなど、盛り込みたいことがたくさんあります。

コラムや開発ストーリーなどのコンテンツは、他社との差別化にもなるのでぜひ入れたいですね。

どのコンテンツをどこに入れたらいいのか、ごちゃごちゃになっています。整理する方法を教えてください。

ツリー構造で組み立てる

Webサイトは、ツリー構造で組み立てていきましょう。

ツリー構造のメリットは、整理しやすいこととわかりやすいことです。階層構造になっているので、それぞれのページに何が書かれているか予測しやすくなります。

例えば、「商品一覧」のカテゴリページの配下には、商品ページが入ってきます。「コラム」というカテゴリページがあれば、その配下にはコラムが並んでいるはずです。

お客様が迷うことなく次へ次へとページをたどっていけるような構成が、ツリー構造なのです。

ツリー構造は、Webサイトの運営者にとっても便利です。新しく作ったページをどのカテゴリの配下に入れればよいか、迷うことがなくなります。カテゴリごとページ数、階層の深さも視覚的に確認しやすく、コンテンツがごちゃごちゃになってしまうことを避けることができます。

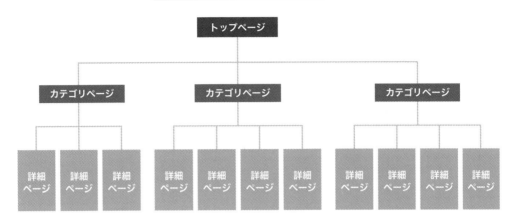

図3-4-1 ツリー構造

ツリー構造でロジカルに組み立てる

トップページ

カテゴリページ　　　カテゴリページ　　　カテゴリページ

詳細ページ　詳細ページ　詳細ページ　　詳細ページ　詳細ページ　詳細ページ　詳細ページ　　詳細ページ　詳細ページ　詳細ページ　詳細ページ

　ツリー構造はSEOの側面から考えても有利です。Googleのロボットは、リンクをたどって各ページを巡回していきます。ツリー構造になっていれば、**ロボットは関連するページを順にたどっていく**ことができます。

　ツリー構造は、お客様にとっても、Webサイト運営者にとっても、ロボットにとってもわかりやすい構造というわけです。

適切な内部リンクを張る

　お客様が目的のページにたどり着きやすくするために、内部リンクを張りましょう。内部リンクとは、**自社のWebサイトの中のページ同士をリンクで張り合うこと**です。

　トップページからカテゴリページ、さらに詳細ページへのリンクだけでなく、逆方向のリンク（戻るリンク）も忘れないように気を付けてください。詳細ページからカテゴリページへ戻るリンク、カテゴリページからトップページへ戻るリンク、さらにカテゴリページ同士のリンク、詳細ページ同士のリンクも検討しましょう。

　内部リンクを適切に張っておくことによって、**お客様を目的のページに導きやすくなります**。お客様のページ滞在率を伸ばし、より多くのページを見てもらう効果（回遊率アップ）もあります。

　内部リンクは、SEO的な効果も高く、**Googleのロボットにもより多くのページを巡回してもらう**ことができます。

　ただし、内部リンクを張る際は、関連性のないページへのリンクは避け、**関連性の高いページのみをリンク**するようにしましょう。

図3-4-2 内部リンク

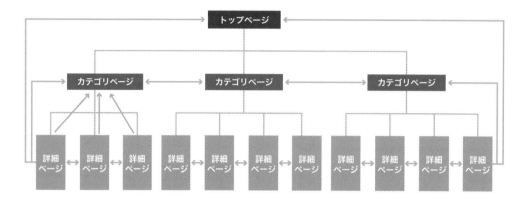

浅い階層構造を心がける

　ツリー構造でWebサイトの構成を考えるときに注意したい点は、階層構造の深さです。階層構造は、できるだけ浅く作りましょう。

　これは、トップページから入ってきたお客様が目的のページに到達するまでに、**できるだけ早く到達できるようにする**ためです。

　階層の深いページは、お客様に見てもらえる可能性が低くなりますし、同時にGoogleのロボットに巡回される可能性も低くなってしまいます。

　どうしても階層が深くなる場合は、関連性の高いページからのリンクを増やしましょう。

図3-4-3 階層の深さ

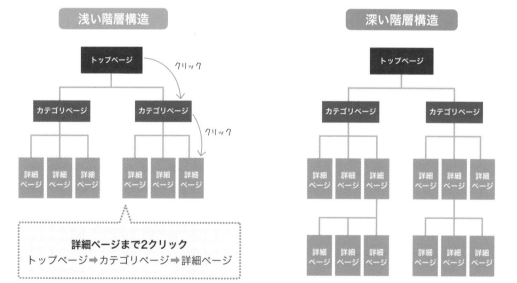

Lesson 3-5

ロボットに効率よくサイトを巡回してもらおう

シンプルなURLで
クローラビリティを向上させる

検索ロボットがスムーズにWebサイトを巡回できるようにしておくことが、SEOに直結します。お客様の導線を考えることは、ロボットの導線を考えることにもつながります。

先日、ECサイトでお買い物をしようと思っていたのですが、行きたいページになかなかたどり着けずに、イライラしてしまいました。

ページを見ていて次に行く場所がない状態（行き止まり）になったり、今どこにいるのかわからなくなったりすると、お客様を逃す原因にもなってしまいますよね。

行きたいページにスムーズに行けないと、お客様だけではなく、検索エンジンロボットにとってもストレスになってしまうんです。

クローラビリティとは

　検索エンジンのロボットのなかで、特にWebサイトを巡回して情報収集するロボットのことを「**クローラー**」と呼びます。

　クローラーがスムーズにWebサイトを巡回できるようにしておくことも、SEOの取り組みになります。**クローラーが巡回しやすいようにしておくことを、「クローラビリティを上げる」**といいます。

図3-5-1 クローラーがサイトを巡回する

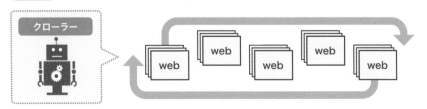

「Lesson 3-4 SEOに効果的なサイト構成を考える」➡ P.102で説明したように、以下の施策もクローラビリティの向上につながります。

- ツリー構造でWebサイトを構築する
- 内部リンクを張る
- 浅い階層構造にする

クローラビリティ向上のための取り組みは、他にもあります。

シンプルでわかりやすいURLを付けるメリット

シンプルでわかりやすいURLを付けることも、クローラビリティの向上につながります。Webサイトのカテゴリ名、ファイル名などは命名ルールを決めておきましょう。

URLは、アルファベットや数値の羅列ではなく、意味のある表記にしておくと効果的です。無料ブログ等を使ってWebサイトを作ると、以下のようなURLが自動的に付いてしまうケースもあります。URLから内容を予測できない悪い例です。

悪いURLの例

https://aaa.jp/aaaaa/entry-12315818099.html?adxarea=kwkzc

URLから内容を予測できるようにするためには、ページの内容と合致したファイル名を付ける必要があります。例えば、以下のようなURL名にしておけば、そのURLのページに何が書かれているのかわかりやすくなります。

URLの例	ページ名
http://gliese.co.jp/	グリーゼ公式サイトのトップページ
http://gliese.co.jp/service/	サービス一覧
http://gliese.co.jp/whitepaper/	ホワイトペーパー
http://gliese.co.jp/blog/	コラム／事例のブログ
http://gliese.co.jp/mailmagazine/	メールマガジン紹介
http://gliese.co.jp/contact-form/	お問合せフォーム

わかりやすいURLは、お客様にとってわかりやすく、Webサイト運営者にとって管理しやすいなどのメリットがあります。

Googleのロボットにとっても、シンプルでわかりやすいURLのほうが巡回しやすくなります。

「パンくずリスト」でクローラビリティ向上

クローラビリティ向上のために、パンくずリストも活用しましょう。パンくずリストとは、童話ヘンゼルとグレーテルに出てくる「パンくず」からきている言葉です。

童話「ヘンゼルとグレーテル」では、主人公のヘンゼルとグレーテルが森で迷子にならないように、道にパンくずを置きながら歩きました。この話にちなんで、パンくずリストはユーザーがWebサイト上で迷子にならないように、ページの階層構造を明確にする役割があります。

> **パンくずリストの例**
> ホーム＞コラム・事例＞リードナーチャリング編＞第7回コンバージョンから逆算する

上記の場合、今閲覧しているページが、「コラム・事例」ページの配下の「リードナーチャリング編」の配下にある「第7回コンバージョンから逆算する」というページであることが一目瞭然です。

もともとは、Webサイト訪問者に今いる場所を伝える役割を担っていましたが、**Googleのクローラーがページを巡回する際の手助け**にもなっています。

また、パンくずリストをクリックすることによって、行きたいページに移動することができるので、**ユーザビリティ的に使いやすいWebサイト**にもつながります。

図3-5-2 パンくずリスト

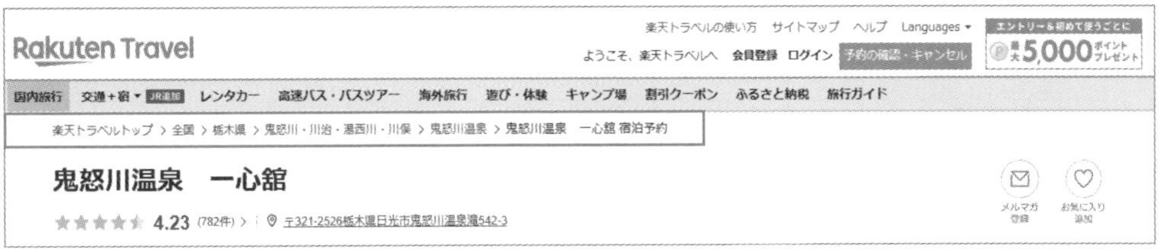

内部リンクも増えることになるので、**パンくずリストは、SEO的にも効果の高い取り組み**となります。

よく名前は聞くけど、どういうものなの？

WordPressで
Webサイトを制作しよう

CMSを利用したWebサイト制作が増えています。CMSとは、「Content Management System」の略です。HTMLやCSSなどの専門知識がなくても、Webサイトの更新ができるため多くの企業が導入しています。Webサイト制作に関するコスト削減にもつながっています。

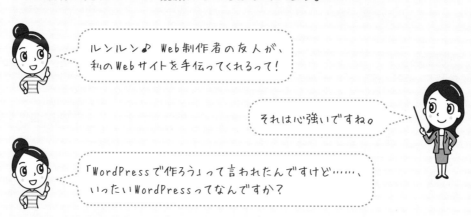

ルンルン♪ Web制作者の友人が、
私のWebサイトを手伝ってくれるって！

それは心強いですね。

「WordPressで作ろう」って言われたんですけど……、
いったいWordPressってなんですか？

WordPressとは？

WordPress（ワードプレス）は、**世界中で使われている無料のCMS（コンテンツ・マネジメント・システム）**です。HTMLやCSSなどの専門知識がなくてもWebサイトを構築することができます。また、Webサイト構築後も、**ブログを更新するような感覚で、記事の更新など**が可能です。

図3-6-1 WordPressで作られたサイト

https://wordpress.com/ja/

WordPressには「デザイン＆編集ツール」があり、たくさんのデザインテンプレートの利用が可能です。

Webサイトの更新、動画、音声、文書などの埋め込みも、直感的な操作で実現できます。

図3-6-2 デザイン＆編集ツール

図3-6-3 デザインテンプレート

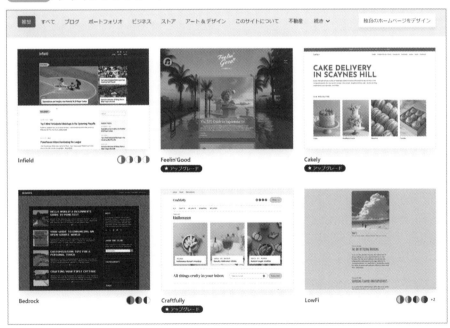

SNSとの連動、メールマーケティング、フォームの挿入など、マーケティングのための機能も充実しています。

図3-6-4 マーケティング用のツールも満載

WordPressなどのCMSを導入すると、複数のスタッフのPCからWebサイトを更新できるようになるので、作業の効率化にもつながります。

MEMO ///

新規でWebサイトの立ち上げを行う際は、ドメインやサーバーなど、サイト構築に関する専門知識が必要になることもあります。必要に応じて、Webサイト制作会社等に相談するとよいでしょう。

WordPressの2つの活用パターン

WordPressの国内シェアは、80%を超えているとも言われています。WordPressの人気の秘密は、拡張性の豊かさです。活用パターンとしても、次の2つがあります。

❶Webサイト全体をWordPressで構築する
❷Webサイトの中にWordPressでブログを作る

活用パターン① Webサイト全体をWordPresで構築する

Webサイト全体をWordPressで構築するパターンです。

図3-6-5 Webサイト全体をWordPressで構築

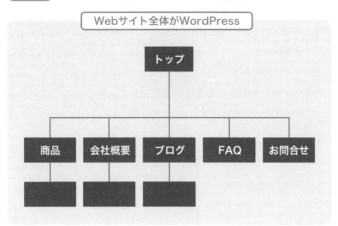

活用パターン② Webサイトの中にWordPressでブログを作る

　既存のWebサイトの中に新規でブログコーナーを作りたい場合に、ブログコーナーだけを
WordPressで作るケースです。日常を更新するブログとして使うこともできますし、読み物コン
テンツを保存していく場所としても活用できます。

図3-6-6 Webサイトの中にWordPressでブログを構築する

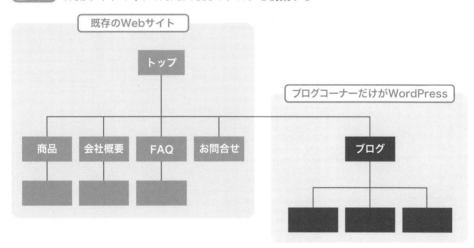

WordPressの弱点は？

WordPressの良い面ばかりを説明してきましたが、弱点もあります。**いちばん大きな問題は、セキュリティ面**です。オープンソースで世界中にシェアがあるということは、**ハッカーやウィルスに狙われやすい**ということです。

実際、弊社のクライアント様でも、**Webサイトのほとんどを改ざんされてしまった**ことがあります。対策としては、次の3つを行ってください。

対策① バックアップ

定期的にWebサイトのバックアップを取ることです。

「コンテンツがWordPressの中にしかない」という状態を避けましょう。

対策② バージョンアップ

WordPressのバージョンにも注意を払ってください。

新しいバージョンがリリースされたら、できるだけ早くバージョンアップしましょう。

対策③ IDとパスワード

WordPressにログインするときのIDとパスワードを複雑にしておきましょう。

大文字、小文字、英字、数字、記号などを組みわせましょう。定期的に変更することも忘れずに。さらに、二重に認証させるなどの方法もあります。

MEMO //

WordPressの件で困ったときは、サポートガイドやフォーラムを利用してみましょう。

図3-6-7 困ったときはサポートガイドを活用しよう

WordPressがSEOに強い３つの理由

SEOを意識したWebサイト運営を行いたい場合、WordPressがオススメです。WordPressは更新のしやすさが注目されがちですが、SEOの面でも利点がたくさんあります。

図3-6-8 WordPressはSEOに強い

次の３つが、WordPressがSEOに強い理由になります。

理由① 新規コンテンツが作りやすい

WordPressを使うと、ブログを書くような手順で新規のページを作れるようになります。この環境の獲得こそ、コンテンツSEOを行ううえで重要です。

コンテンツSEOでは、お客様に役に立つ良質なコンテンツを増やしていくことが大事です。新規ページが容易に作れるWordPressは、コンテンツページを増やしやすいという点でSEOに有利に働きます。

理由② WordPressの内部構造が、そもそもSEOに有利にできている

WordPressのようなCMSを使わずにWebサイトを構築し、管理運営を行っていく場合、手作業またはWebサイト制作ツールを使って1ページずつページを作り、ページをサーバーにアップする作業が必要になります。作業する人やツールによって、ページを構成するHTMLの書き方が違ったり、URLの付け方が違ったり、リンクを張る方法が異なったりすると、Webサイト全体の内部構造の統一感がなくなってしまいます。

WordPressを使えば、同一のシステムを使ってページの作成／更新を行うので、統一感のある内部構造が構築できます。設定しておけば、そのあとはリンクのURLもWordPressが自動で作ることもできます。すっきりした内部構造のWebサイトができれば、Googleのロボットもスムーズに巡回できます（クローラビリティの向上）。

理由③ SEOに有利なテーマとプラグインが豊富にある

WordPressにはたくさんのテーマとプラグインがあります。

テーマとは、テンプレートのようなものです。無料公開されているテーマと、有償で販売されているテーマがあります。WordPressを使ってWebサイトを構築するときは、最初にテーマを決めます。

テーマの利用は、制作時間の短縮やコスト削減などのメリットがあります。SEOに取り組んでいきたい場合は、**「SEOに強いテーマ」**を探しましょう。また、**レスポンシブデザインに対応しているかどうか、配布元が安全かどうか、日本語対応しているかどうか**など、必要な項目はチェックして選んでください。

プラグインとは、特定のソフトウェアに対して新しい機能を追加することができるソフトウェアのことです。プラグインを利用することによって、さらに便利な機能を利用できるようになります。

WordPressには、SEOに役立つ複数のプラグインがあります。

インストールして利用してみましょう。筆者は以前「All in One SEO」を利用していました。記事を書きながら、同じ画面でタイトルタグ、ディスクリプションタグの設定ができるので、便利でした。

図3-6-9 WordPressには複数のプラグインが用意されている

Lesson 3-7

ロボットにいち早くクロールしてもらうには

サイトマップの作成とGoogleへの通知

新規に開設したWebサイトにGoogleのロボット（クローラー）を呼び込むために、XMLサイトマップを作りましょう。Googleのロボットは基本的にはリンクを頼りに巡回していますが、こちらから働きかけることによって、優先的に回ってもらうことができます。

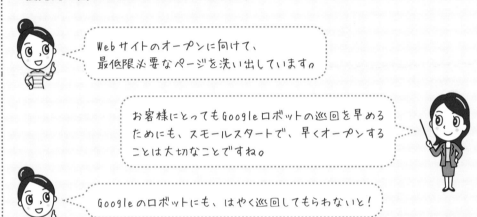

Webサイトのオープンに向けて、最低限必要なページを洗い出しています。

お客様にとってもGoogleロボットの巡回を早めるためにも、スモールスタートで、早くオープンすることは大切なことですね。

Googleのロボットにも、はやく巡回してもらわないと！

XMLサイトマップを使ってGoogleロボットの巡回を促す

一般的に、**サイトマップ**とはWebサイトのページ構成を一覧にしたものです。

図3-7-1 サイトマップ

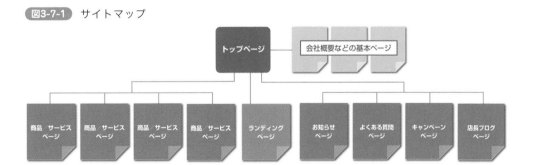

　サイトマップがあると、ユーザーにも検索エンジンにも、Webサイトの全体像をわかりやすく伝えることができます。

XMLサイトマップは、検索エンジンに対して、サイト内のすべてのページを通知するために設置します。

図3-7-2 XMLサイトマップ

```
<?xml version="1.0" encoding="UTF-8"?>
- <urlset xmlns:xsi="http://www.w3.org/2001/XMLSchema-instance"
xmlns="http://www.sitemaps.org/schemas/sitemap/0.9">
          <!-- created with free sitemap generation system www.sitemapxml.jp -->
  - <url>
          <loc>http://gliese.co.jp/</loc>
          <priority>1.0</priority>
    </url>
  - <url>
          <loc>http://gliese.co.jp/whitepaper/</loc>
          <priority>0.8</priority>
    </url>
  - <url>
          <loc>http://gliese.co.jp/contact-form/</loc>
          <priority>0.8</priority>
    </url>
  - <url>
          <loc>http://gliese.co.jp/service/</loc>
          <priority>0.8</priority>
    </url>
  - <url>
          <loc>http://gliese.co.jp/seminar/</loc>
          <priority>0.8</priority>
    </url>
  - <url>
          <loc>http://gliese.co.jp/blog/</loc>
          <priority>0.8</priority>
    </url>
  - <url>
          <loc>http://gliese.co.jp/mailmagazine/</loc>
          <priority>0.8</priority>
    </url>
  - <url>
          <loc>http://gliese.co.jp/point/</loc>
          <priority>0.8</priority>
    </url>
```

検索エンジン向けのサイトマップ

Webサイトを立ち上げたばかりのときは、Googleのロボットがすぐに回ってきてくれるとは限りません。Googleのロボットは通常リンクをたどってWebサイトを巡回しますが、新規のWebサイトの場合にはどこからもリンクが張られていないケースが多く、初めての巡回までに時間がかかります。**少しでも早くGoogleロボットに巡回してもらうために**、新しいWebサイトができたことを通知する必要があるのです。XMLサイトマップをGoogleに送信することによって、Googleのロボットの巡回を早める効果があります。

XMLサイトマップの作成と登録

XMLサイトマップを作る際は、インターネット上の自動作成ツールなどのサービスを利用するか、Webサイト制作会社に作成を依頼することをオススメします。XMLサイトマップができたら、ファイルはサーバーにアップロードしておきましょう。

XMLサイトマップをGoogleに通知する際は、「Google Search Console（グーグルサーチコンソール）」を使って以下の手順でXMLサイトマップをアップします。

❶Google Search Consoleの左メニューの「サイトマップ」をクリックします（図3-7-3）。
❷「新しいサイトマップの追加」に、XMLサイトマップのURLを記入します（図3-7-4）。
❸送信ボタンをクリックします。

図3-7-3 Google Search Console

図3-7-4 「新しいサイトマップの追加」

なお、Google Search Consoleは、Googleが提供するウェブマスター向けの無料ツールです。詳細は、Lesson 7-2 → P.230 を参照してください。

新規ページはURL検査ツール（旧：Fetch as google）でいち早く巡回

新規作成したページを Google ロボットに通知して、いち早く巡回してもらうための方法として、Google Search Console の「URL検査」という機能があります。

❶Google Search Consoleの左メニューの「URL検査」をクリックします。（図3-7-5）
❷クロールしてほしいページのURLを入力します。（図3-7-6）

図3-7-5 「URL検査」をクリック **図3-7-6** URLを入力

❸ページがGoogleにインデックスされていない場合は、「URLがGoogleに登録されていません」と表示されます。右下にある「インデックス登録をリクエスト」をクリックしましょう。

図3-7-7 「URLがGoogleに登録されていません」と表示される

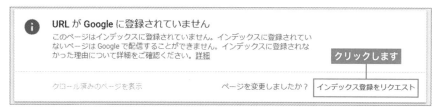

❹インデックス登録をリクエストしてから、通常は1日から数週間でインデックスが完了します。ページがインデックスされると、URL検査を行った後の画面で「URLはGoogleに登録されています」と表示されるようになります。

図3-7-8 「URLはGoogleに登録されています」と表示される

✓ **URL は Google に登録されています**
関連するすべての拡張機能とともに Google 検索結果に表示されます（手動による対策や削除リクエストの対象でない場合）。詳細

クロール済みのページを表示	ページを変更しましたか？　インデックス登録をリクエスト

✓ ページのインデックス登録	ページはインデックスに登録済みです	⌄

拡張機能とエクスペリエンス

✓ HTTPS	このページは HTTPS で配信されています	›
✓ パンくずリスト	1 件の有効なアイテムを検出しました	›

MEMO //

「URL検査」を使うのは新規ページを作成したときだけではなく、既存のページを改善した際にも使えます。既存ページのタグを修正したり、本文をリライト／追加した場合などにも活用して、クローラーの巡回を促しましょう。

Lesson 3-8

ユーザーにサイトを快適に巡回してもらおう

表示スピードを改善する

Webサイトを開こうとして、なかなか表示されずにイライラしたことはありませんか？　表示スピードは、ユーザーが快適にインターネットを利用するために重要な要素です。表示スピードが遅いと、ユーザーの離脱にもつながりますので、改善を行っていきましょう。表示スピードの改善は、SEO的な効果にもつながります。

イライライライラ……急いでいるのに、なかなかページが表示されない！！！

あ～わかります。私もせっかちなほうなので、表示が遅いとすぐに閉じてしまいます。

表示スピードはSEO的な要素としてはそれほど大きくないと言われていますが、お客様にとってはとても大事。せっかく来てくれたお客様を帰さないためにも、表示スピードを調べ、改善していきたいですよね。

PageSpeed Insightsで表示スピードを調査する

「PageSpeed Insights」は、Webサイトの表示スピードを調べるツールです。URLを入れるだけで、モバイルでの表示スピードとパソコンでの表示スピードの両方を計測してくれます。

　分析結果は、100点満点中何点かという点数で表示され、同時にスピードを上げるための改善提案も表示されます。

　各改善提案については、改善後にどのくらいのパフォーマンスが期待できるのかも明記されていますので、**インパクトの大きい項目から改善を行っていく**ことができます。

　使い方は、以下の通りです。

❶「PageSpeed Insights」のページを表示します。

https://pagespeed.web.dev/

❷表示スピードを調べたいWebサイトのURLを入力して「分析」ボタンをクリックします。

図3-8-1　調べたいサイトを分析

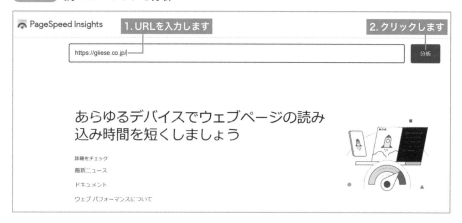

❸分析結果が表示されます。分析結果は、携帯電話やデスクトップでのスピードを切り替えて確認することができます。

図3-8-2　分析結果

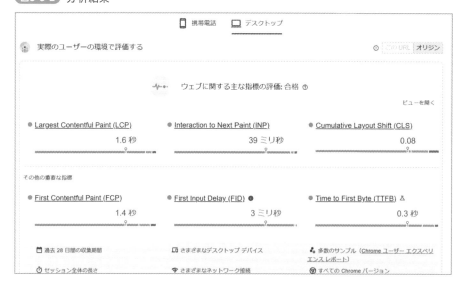

❹分析結果のページでは、さまざまなアドバイスを受けることができます。

❺表示スピードは、SEOへの影響だけではなくユーザーの満足度にも影響します。随時、改善を行いましょう。

図3-8-3 パフォーマンスの問題を診断する

自分がやるべきことに集中するために

SEOに強い
Web制作会社の選び方

SEOやWeb制作に関して、すべてを自分ひとりで行うことは難しいです。
専門的なことは専門家に依頼し、効率よくWebサイトの立ち上げ、運営を行
うことが大切です。

Webサイトの制作について、
自分で作るか外注するか迷っています。

予算の問題もありますが、専門的なことは
専門業者に依頼したほうが効率的です。

社長としてやるべきことに集中するためにも、
信頼できる外注先を選びたいものです。

外注するか内製するか？

　最近は初心者でもWebサイトを立ち上げることができるサービスも増えていますし、SEOもコンテンツ重視が王道になっていますので、すべて内製で行うことも可能になってきました。

　ただし、実際にWebサイトの立ち上げを始めてみると、1ページ作るだけで時間がかかったり、写真撮影、テキスト執筆、キャッチコピーの作成、できあがったページのテストなど、やることが多くて困惑してしまうこともあるでしょう。

　作業項目を洗い出し、コストや専門性を吟味して、外注するか内製するかを検討しましょう。

SEOに強いWeb制作会社を選ぶ

Web制作会社は、会社ごとに特徴があります。

- デザイン重視
- システム開発が得意

- **ECサイトの構築実績が多い**
- **SEOに強い**
- **紙媒体の制作も同時にできる**
- **動画制作が得意**

外注する際は得意分野を見極めることが大切です。例えば、最初から「Web制作会社」として設立した会社もあれば、もともと出版関連からWeb制作のサービスを始めた会社もあります。

システム開発者を多数抱えている会社もあれば、紙媒体や動画などの制作にも長けているというところもあります。

「デザインはきれいだけど、SEOの知識がない制作会社だった」などという状況にならないように、各社の強みや実績を確認してから外注先を選びましょう。

図3-9-1 制作会社の特徴を把握しよう

SEOを外注する際の注意点

SEOの専門会社もたくさんあります。Webサイトを立ち上げると、SEOの専門会社からの営業を受ける機会もあると思います。

その際、以下の外注は行わないようにしましょう。

被リンクの購入

SEOを行う際、被リンクは必要です。ただし、被リンクなら何でも効果があるということはありません。低品質なWebサイトからのリンク、購入したリンクは、Googleではペナルティの対象になりますので、リンク購入等のサービスは避けましょう。

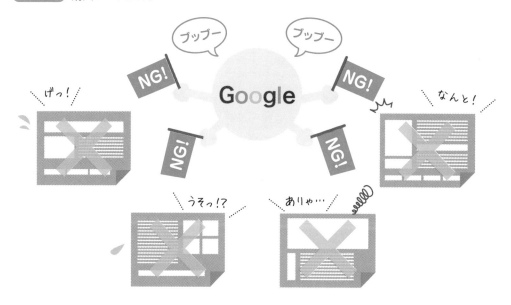

図3-9-2 購入リンクはNG

コンテンツの自動生成

　SEOを行う際、コンテンツを増やすことも大切です。ただし、内容の薄い低品質のコンテンツは、お客様にとっても役に立ちませんし、Googleからペナルティを受ける可能性もあります。コンテンツを自動生成するようなサービスは、お断りするようにしましょう。

知識のないフリーライターへのコンテンツ作成依頼

　コンテンツの制作は、テーマによっては時間も労力もかかります。コンテンツ制作の外注を考えることもあるでしょう。ただし、SEOの知識のないフリーライターに依頼してしまうと、せっかく執筆したコンテンツがSEO的に最適化されていない可能性があります。

　また、著作権等の意識が低いと、他社の原稿のコピーのような文章を作ってしまうかもしれません。コンテンツの制作は自社で行うか、信頼できるコンテンツ制作会社に依頼しましょう。

Chapter 4

良質なコンテンツの作り方
～コンテンツ対策編～

最新SEOの王道は、「ユーザーに役に立つ良質なコンテンツを作ること」です。SEOに関してひとつだけやるべきことを選びたいと思ったら、迷わずにコレ！

お客様のことを考えたコンテンツを作ることに集中してください。お客様の方を向いて仕事をすることが、最善のSEOになります。

常にユーザーのことを念頭に

Googleに学ぶ コンテンツの重要性

SEOを行う際、「コンテンツ重視」というフレーズをよく耳にするようになってきたと思います。ただし、単にページを増やすことが「コンテンツ作成」ということではありません。ユーザーにとって役に立つか立たないかで判断されます。Googleの考え方を知り、ユーザーに役立つコンテンツの真の意味を考えましょう。

はやくお客様に検索してもらって、購入してほしいと気持ちばかり焦ります…。検索の順位を上げていくためには、どんなことに注意すればいいですか？

大切なのは「Googleの順位を上げよう」と思わず、「お客様にとって、役に立つWebサイトになるためには、なにをすればいいかな？」と考えることです。Googleもそれを望んでいます。

GoogleはどんなWebサイトを1位に掲載するのか？

Googleの仕事は「検索ユーザーが探しているWebサイト」を見つけ、検索ユーザーに「あなたが探しているのは、このWebサイトですよね」と提示することです。

ぴったりのWebサイトを提示できれば、ユーザーは「さすがGoogle！ いつも最適なページを探してくれる。やっぱりGoogleが検索エンジンとして最高だ」と思うはずです。

Googleは世界でナンバーワンの検索エンジンとして、たくさんのユーザーに使ってほしいと願っています。そのためには、Googleの出す検索結果が、ユーザーにとって役立つWebサイト、役立つWebページでなければならないのです。

つまり、私たちWebサイト運営者は、検索ユーザーが何を探しているのかを考え、検索ユーザーにとって役に立つ情報を掲載していくことが求められています。**ユーザーの悩み、課題を見極め、解決できるようなコンテンツを作りましょう。**

GoogleのWebサイトに掲載されている1文を読んでみてください。

Google には、「**ユーザーに焦点を絞れば、他のものはみな後からついてくる**」という理念があります。

https://www.google.co.jp/about/unwanted-software-policy.html

「Google で1位になろうと考えるのではなく、ユーザーのために何ができるのか考えればよい」ということを、Google 自身が明言しているのです。

Googleの方針を知る方法

Google は、日々改善を重ねています。アルゴリズムの詳細が公開されることはありませんが、Google の考え方や方針については、さまざまな形で発表されています。

そのひとつが、**Google検索セントラル**（旧称 Google ウェブマスター）です。

Google 検索セントラルは、SEO のためのサポートツールとして役立ちます（**図4-1-1**）。

図4-1-1 Google検索セントラル（旧称Googleウェブマスター）

https://developers.google.com/search?hl=ja&card=owner

Google検索セントラルには、さまざまなドキュメントがあります。例えば「SEOスターターガイド」は、初めてSEOに取り組む人に向けた内容が充実しています。

図4-1-2 SEOスターターガイド

https://developers.google.com/search/docs?hl=ja

サイト運営者なら
必ず目を通しておきたい
ガイドラインです！

コンテンツSEOのススメ

コンテンツSEOとは、SEOにおいて「コンテンツ」に重点を置く考え方です。**高品質のオリジナルコンテンツを継続的に作成＆アップ**していくことによって、ユーザーからの評価を高めて、結果としてGoogleでの検索順位を上げていこうという取り組みのことを「**コンテンツSEO**」といいます。

Chapter 2で行ったキーワード選定を参考にしながら、ユーザーの検索意図を見極め、ユーザーに喜ばれる情報だけをアップしていきましょう。

Lesson
4-2

どうやって差別化を図るのか？

良質かつオリジナルな
コンテンツの作り方

**ユーザーに役立つ良質なコンテンツとは、どういうものなのでしょうか？
他社と同じではなく、他社の真似でもなく、自社でしか提供できないオリジ
ナルコンテンツを作るための方法をいくつか取り上げます。**

コンテンツを作るということは、自らコンテンツのテーマ
を考え、文章を書いていくということですよね？

コンテンツは文章だけではなく、動画コンテンツや漫画
コンテンツなどさまざまな種類のコンテンツがあります
が、おっしゃるとおり基本は「文章」ですね。

私は子どものころから文章を書くことが苦手でした…。
コンテンツを作るのに、2～3日かかってしまいそうで気
が重いです。似たような原稿がネット上にないかしら？

ムムム！　いま、とても危険な発言をしましたよ。

インターネット上の情報は正しいか？

　インターネット検索で得られた情報をもとに、記事を書くことは危険です。なぜなら、Webサイ
トに掲載されている情報は、必ずしも**正しいとは限らない**からです。

　インターネットの特徴は、誰でも情報発信ができること。偽名、ニックネーム、または無記名での
情報発信もたくさんあります。インターネットの情報が正しいかどうかを見極めることが大切です。

　ネットリサーチを行う場合は、その情報が正しいか見極め、一次情報にあたるようにしましょ
う。そしてインターネットの情報は参考までにして、**オリジナル原稿を作ることを基本としてくだ
さい。**

　では、インターネット上の情報に頼らずに原稿を書くためには、どんな方法があるのでしょうか？

オリジナル原稿の作り方① 自分の体験を書く

例えば「おいしいコーヒーの入れ方」の原稿を書くとします。「コーヒー　入れ方」と検索すると、カフェ、コーヒー豆のお店、カフェグッズ専門店などたくさんのWebサイトがヒットします。これらのWebサイトを読み込んで書けば、1記事を書きあげることができるでしょう。

ただしこれは、**オリジナル原稿とは呼べません。**他社のWebサイトの原稿をミックスさせただけの原稿をユーザーは喜ぶでしょうか？

そこで**「やってみた記事」**を書くことを提案します。自分自身の体験を書くことになるので、完全なオリジナル原稿になります。

たとえば、以下のような個性的な記事が書けるでしょう。

- お湯の温度を変えてコーヒーを入れてみた
- コーヒー豆を変えて比較してみた
- コーヒー器具を変えると、味にどんな違いがでるのかやってみた
- 18歳で初めてカフェ店員になった私が、人生で初めて本格コーヒーを入れてみた（体験記）
- コーヒーで有名なカフェ「○○○」の店長に習ったおいしいコーヒーの入れ方
- コーヒーの本場ブラジルへ行って聞いてみた

オリジナル原稿の作り方② 取材する／インタビューする

BtoB企業のWebサイトなどで増えているのが、取材記事やインタビュー記事です。

自社の製品の良さを伝えたい。そんなページを作りたいときに、自社の人間が語った内容では説得力が弱いです。自社の製品を使ってくれているお客様を訪問して、話を聞きましょう。

たとえば、こんな質問をしていきながら、会話を膨らませていきましょう。

図4-2-1 インタビューの例

この製品を導入する前、どんなふうに作業していたのですか？
導入前の悩みや課題を教えてください。

たくさんの類似製品があったと思いますが、その中から、
弊社の製品を選んでくださった理由、決め手は何ですか？

製品導入までの手順、流れはどんな感じでしたか？
時系列で教えてください。

自社製品を入れて変わったことはどんなことですか？
以前の悩み、課題はどんなふうに解決できましたか？

今後、どんな夢がありますか？
将来の展望を教えてください。

インタビューを行えば、内容が他社のWebサイトと重複することはありません。インタビュー記事は、同じ悩みを抱える企業にとっても参考になるものです。役立つオリジナル原稿として、とても良いものになります。

オリジナル原稿の作り方③ アンケートをとる

アンケート結果もインターネット上にはたくさんありますが、コピーして自社サイトに掲載することはできません。自社でアンケートを実施して、自社のコンテンツとして掲載しましょう。

アンケートをとるためには、ある程度の人数のアンケート先が必要です。自社でその人数を集めることが難しい場合は、アンケート会社を利用しましょう。

いくつかアンケート会社を紹介しておきます。「アンケート　会社」などと検索して、使いやすそうなところを見つけてください。

図4-2-2 Fastask -ファストアスク-

https://www.fast-ask.com/

図4-2-3 マクロミル

https://www.macromill.com/

図4-2-4 楽天インサイト

https://insight.rakuten.co.jp/

　単にアンケート結果を掲載するだけではなく、アンケート結果を見てどう考えるか、自分なりの分析、考察を書き込むことが重要です。どの数値に注目するのか、その数値をどう解釈するのか、どんな文章でコメントするのかなどによって、独自の視点が付け加えられ、あなたにしか作れないオリジナルコンテンツになるのです。

COLUMN

引用タグを利用して重複を避けよう

　原稿を書く際に、引用を使うことがあります。引用とは、自分以外が所有するコンテンツの一部を、自分のコンテンツのなかに書き記すことです。他者のコンテンツをコピー＆ペーストで利用することになるので、SEO的には重複コンテンツとしてみなされてしまう危険性があります。

　このような場合に、引用タグを使います。

　自分のコンテンツのなかに「〇〇氏の原稿を引用します」と書いたとしても、Googleのロボット（クローラー）には伝わりません。そこで、クローラーに対して「この文章は引用ですよ」と宣言する引用タグを使いましょう。

　blockquoteが引用タグです。引用部分の先頭から最後までを<blockquote>〜</blockquote>で囲みましょう。

　【使用例】
　　<blockquote>ここに引用の文章を入れる</blockquote>

　引用タグを使うことによって、重複コンテンツのペナルティを避けることができます。

Lesson 4-3 | 伝えたいメッセージは何ですか？

トップページに記載すべきコンテンツとは？

Webサイトへの入り口であり、顔であるトップページ。ユーザーの第一印象を左右する重要なページです。美しく見た目を整えたい気持ちもわかりますが、そもそもユーザーと出会えなければ意味がありません。SEOを考慮することもお忘れなく。

Webサイトをつくるとき、トップページには力が入りますね。見た目重視で、かっこいい斬新なページにしたいです。

トップページは、Webサイトの顔です。第一印象が悪いと直帰されてしまうので、見た目重視で作りたくなりますよね。でも……

トップページでは、見た目以外に何が大切ですか？

トップページで狙うキーワードを考慮する

基本的に、**訪問者数が最も多くなるのがトップページ**です（**図4-3-1**）。玄関、入り口の役割も果たしますので、トップページには力が入るものです。

デザイン的に素敵にかっこよく作りたい気持ちもわかりますが、SEOの観点で重要なのはキーワードです。トップページで狙うキーワードを意識した作りにしましょう。

トップページで狙うキーワードは何ですか？　Webサイトの制作、デザインを外注する場合でも、「メインのキーワードが何か」を必ず伝えましょう。

画像だけではなくテキストを盛り込む

トップページは、Webサイトの顔。見た目のデザインを重視するあまり、大きな画像、動画、バナーだらけになってしまうケースがあります。「文章でごちゃごちゃ書きこむのは、デザイン的に

美しくない」「スタイリッシュではない」「ダサい」などという声を聞くこともあります。しかし**Googleのロボットは画像よりもテキストを重点的に拾っていきます**。テキストでの記述も入れましょう（**図4-3-2**）。

図4-3-1 トップページへの流入

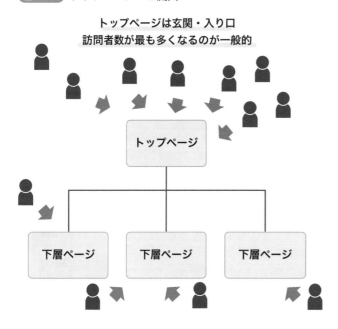

図4-3-2 テキストをほどよく入れる

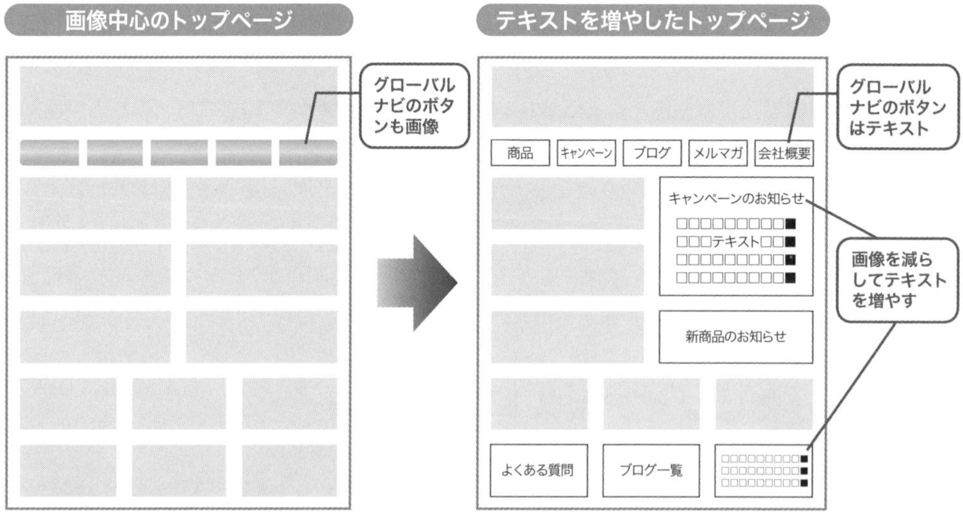

初めての訪問者に伝えるべきメッセージを厳選する

　たくさんの商品、サービスを扱っているWebサイトの場合、「たくさんの種類のものを扱っている」「何でもできる」ということをアピールしてしまって、逆に「いったい何屋さんなのか？」が伝わらない場合があります。

　ユーザーは、「自分が探しているものがあるのか？」「自分は対応してもらえるのか？」と不安になり、別のWebサイトに移動してしまいます。せっかく初訪問してくれたお客様を逃してしまうのは、Webサイトにとっては痛手です。

　リピーターはファンになって再訪問してくれているので、そのWebサイトがどんなものを扱っていてどのページ行けばいいかを知っていますが、初訪問者は違います。

　初訪問の方に「あなたの困りごとはここで解決できますよ」というメッセージをわかりやすく伝えることが大切です。

事例：誰のためのサイト？　どんなお困りごとを解決してくれるの？

　株式会社ユニリタの「ベジパレット」のWebサイトを見てみましょう。ファーストビューには「農作物の原価を明確に」というメッセージが掲載されています。大きな文字で、短文です。

　写真とキャッチコピーだけで、このWebサイトが、農家の方を対象としていることは、一目瞭然。「原価管理や収支の把握がしにくい農家の方のお困りごとを、システムの力で解決してくれそう」だということが、ファーストビューだけで把握できます。

図4-3-3　ベジパレット（ユニリタ）のトップページ

https://vegepalette.unirita.
co.jp/index.html

　農家の方の心を一瞬で捕まえて、Webサイトを下へ下へとスクロールしてもらう、または適切なページに遷移してもらうことが、「トップページのファーストビュー」の役割です。勇気をもって、メッセージを絞ることが大切です。逆に、トップページのファーストビューに「あれもできる」「こんな機能もある」「価格のことも書きたい」「事例だってある」と、たくさんの情報を詰め込みすぎてしまうと、結局「何も伝わらない」状況になり、訪問者の直帰につながってしまいます。

トップページのファーストビューで大切なことは「初めての訪問者に、伝えるべきメッセージを厳選すること」です。伝えるべきことは、次の2点です。

- ▪ **誰のためのサイトなのか？**
- ▪ **どんなお困りごとを解決してくれるのか？**

Webサイトで検索している人は、何かに困って、解決できるWebサイトを探しています。トップページは、その人との出会いの場であると心得ましょう。

リンクされる時のことを考慮する

被リンク（他のWebサイトからリンクを張ってもらうこと）もSEOの重要な要素です。リンクされるときに、「自分のWebサイトがどんなリンクを張られるか」を考えてみましょう。

例えば「FUKUDA商店」というWebサイト名だったとします。外部のWebサイトから以下のようにリンクされているとして、どちらが好ましいですか？

図4-3-4 クリックされるWebサイト名は？

「FUKUDA商店」だけでは何を扱っているお店かわかりません。他社のWebサイトに訪れた人は「FUKUDA商店はこちら」をクリックしないでしょう。

ところが「コーヒー豆専門店FUKUDA商店はこちら」と書いてあれば、コーヒー豆に興味のある人のクリックを得て「FUKUDA商店」への訪問が見込めます。リンクを張ってもらうときにはこちらの書き方でのリンクを受けたほうが、購入につながる可能性が高まります。

SEOの観点でも、キーワードを含んだ言葉でリンクをしてもらうほうが効果的になります。さらに、他社のWebサイトがコーヒー豆に関連したWebサイトであれば、さらに効果が高まります。

被リンクについては、「Chapter 5　良質なリンクの集め方」➡ P.169をご確認ください。

リンクを張ってもらうには

それでは、「FUKUDA商店はこちら」ではなく「コーヒー豆専門店FUKUDA商店はこちら」の
リンクを張ってもらうためにはどうしたらよいのでしょうか?

答えは簡単です。Webサイト名を書くときに、いちいち「コーヒー豆専門店FUKUDA商店」と
書けばよいのです。タイトルタグ➡P.149や各ページの上の方に「コーヒー豆専門店FUKUDA商
店」と書いておくのも良いでしょう。

リンクを張ろうとする人は、Webサイトの中から「コーヒー豆専門店FUKUDA商店」の言葉を
コピー&ペーストするでしょう。つまり、Webサイトの目立つところに**テキストで「コーヒー豆専
門店FUKUDA商店」と記述**しておけばよいのです。

Webサイトの名称をアルファベット表記にしていたり、略語・略称を使ったりしている場合は、
ユーザーに対して「自社が何の専門店なのか」を日本語でわかりやすく記述しておくことをオスス
メします。

図4-3-5 サイト名の記述場所

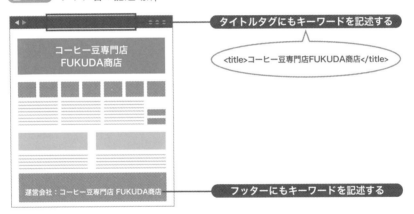

受付案内として、下層ページの内容を伝える

トップページは入り口です。トップページから次のページ、その次のページへと**回遊してもらう
ための受付案内の役割**も果たしています。

トップページでメインの商品、サービスをわかりやすく目立つように表記したら、下層ページへ
のリンクを作っていきましょう。

Googleのロボットは基本的にトップページから第2階層、第3階層、第4階層とWebサイトの
内容を確認していきます。**重要なページは第2階層になるように設計**して、トップページからの導
線をしっかりと入れていきましょう。

あなたのサイトのトップページに訪問してきた人が、次に見たいページはどこですか?

トップページの上のほうからのリンクで、行きたいところに行けるようなリンク(導線)をつけ
るようにしましょう。

キーワード必須！タイトルの付け方①

コンテンツSEOを行っていくうえで大切なことは、継続的にコラムなどの記事コンテンツをアップすることです。週に1本、月に1本などとノルマを決めて長期的なスケジュールを立案してください。読まれるコンテンツにするためには、キャッチーなタイトルをつけることも重要です。

私はハワイアンジュエリーのことなら、いろいろなことが書けます。お役立ちのコラムなどを増やしていきたいと思っています。

お役立ちコラムは、コンテンツSEOを進める燃料のような役割を果たします。ガソリンが切れないように、継続的にコラムをアップしてください。

がんばります。どんなタイトルのコラムだったら読みたくなるでしょうか？

キーワードを含めた記事タイトルを考える

　SEOのためのコンテンツは、記事の**タイトル（大見出し）にキーワードが入っているほうが有利です**。例えば、「ハワイアンジュエリー　選び方」というキーワードで上位表示したい場合、タイトル（大見出し）に「ハワイアンジュエリー」と「選び方」の両方のキーワードが含まれていることが望ましいです。

　例えば、次のようなタイトルが考えられます。

1. ハワイアンジュエリーの選び方
2. ハワイアンジュエリーの選び方3つのポイント
3. ここが違う！ハワイアンジュエリーの選び方

いずれも「ハワイアンジュエリー」と「選び方」というキーワードが含まれ、SEOに適したタイ

トルになっています。

　ただ3つとも、あまりおもしろみがありません。**タイトルは、読者がその記事を読むか読まない かを判断するための材料でもあります。**「読みたい」と思わせるようなキャッチーなタイトルを作り ましょう。

キャッチーなタイトルの作り方

　読者の目をくぎ付けにして、「今すぐ読みたい」「読まずには戻れない」と思わせるようなキャッ チーなタイトルをつけるにはどうすればよいでしょうか？

　たとえば、先述した「ハワイアンジュエリー　選び方」をもっとキャッチーなタイトルにしたけ れば、

1. ハワイのジュエリーショップ店長に聞いた！ハワイアンジュエリーの選び方
2. 彼女へのプレゼントで失敗しないためのハワイアンジュエリーの選び方
3. 一生の記念にしたい！ハワイアンジュエリーの選び方
4. ハワイアンジュエリーの選び方に関する3つのウソ
5. ハワイアンジュエリーの選び方を知らないと損をする5つの理由

などと変化をつければよいでしょう。

　ただし、キャッチーにすればするほど原稿の難易度は上がります。**そのタイトルで原稿を書ける のか**を自問自答しながらタイトルを考えましょう。

3語でも4語でも、タイトルにはキーワードを含める

　「ハワイアンジュエリー　選び方　男性」で1位になりたい場合は、「ハワイアンジュエリー　選び 方　男性」のすべてをタイトルに含めます。例えば、以下のようにしてみます。

1. 男性向けハワイアンジュエリーの選び方
2. 男性に贈るハワイアンジュエリーの選び方3つのポイント
3. 女性向けとはここが違う！男性向けハワイアンジュエリーの選び方

　キーワードが4語になっても、できるだけすべてのキーワードがタイトルに含まれるように考え ましょう。

ときには「キーワードを含めない」という判断も！

　キーワードを含めてタイトルを付けることは、たくさんあるSEO施策のなかの、ひとつの施策にすぎません。無理やりキーワードを入れこんでおかしなタイトルになってしまう場合は、キーワードを無視してもOKです。

　本文中で具体的な内容を書くことができれば、記事タイトルにキーワードが含まれなくても問題ありません。タイトルをどう作るかよりも、内容重視で原稿を書くことに重点を置いてください。

　例えば「ハワイアンジュエリー　選び方　男性」がキーワードの場合、キーワードを含めないタイトルの例としては、以下のようなものが考えられます。キーワードを含まなくても、タイトルがキャッチーで、かつ内容が充実していることが条件です。

1. 実況！ 30歳女子が初めての彼氏に贈るクリスマスプレゼント

2. 女性向けと思われがちなアクセサリートップ3

3. モテる男が身に着ける格安でカッコいいアイテムとは？

良質なコンテンツの作り方〜コンテンツ対策編〜

Lesson 4-5

意図がわかれば記事も決まってくる

検索意図から考える！
タイトルの付け方②

コラム記事を読んでもらうために、タイトルはとても重要です。タイトルだけ見て、読者が「つまらなそう」「それ知っている」などと落胆してしまったら、そこで離脱です。読者が「私が探していたのはそれ！」「読みたい」と思わせるようなコラムタイトルにするためには、お客様がどんな気持ちでいるのかを考えることが大事です。

先月、彼女の誕生日に「何もいらない」というので、何もしないでぼーっとしていたら「ひどい！」と怒られました。

「何もいらない」のほんとうの意味、意図を読み解くのは難しいですよね…。検索も同じです。
お客様の検索意図を考えることが、お客様の心をつかむための第1歩になります。

検索意図とは？

　検索意図とは「**どんな気持ちで検索しているのか？**」「**何のために検索しているのか？**」というユーザーの気持ちのことです。検索エンジンは、ユーザーがなぜそのキーワードを入力したのかを考え（検索意図）、検索したユーザーにとって最適なコンテンツを表示しようと努力しています。

　私たちコンテンツ提供者にも、ユーザーの検索意図をじっくり考えることが求められています。

　例えば「新宿　カラオケボックス」と検索している人は、新宿でカラオケに行きたくて、カラオケボックスの店舗を探している人でしょう。検索結果としては、新宿のカラオケボックスが出てきたら検索意図に合致しているということになります。

　一方、「新宿　カラオケボックス　価格」と検索している人は、だいたいの価格相場を知りたい人です。1時間当たりの価格が出てくればベスト。お得なセット価格や、ほかの街と比べて高いのか安いのかなども検索意図に近いと言えます。

検索意図からコラムのタイトルを考える

「サプリメント　ケース」を例に説明してみましょう。キーワードからコラムのタイトルを考えると、どんなタイトルが浮かびますか？

これだけでは漠然としていて、ケースをすぐに購入したいという人もいれば、種類が知りたい人もいるかもしれません。

「サプリメント　ケース」に合致するコラムのタイトルは、**図4-5-1**のような案が浮かびます。

図4-5-1 キーワードから単純にタイトルを付けた例

ここで、検索者の検索意図を考えてみましょう。「サプリメント　ケース」と検索する人は、どんな気持ちで検索していると思いますか？

図4-5-2 検索意図を想像してみる

想像してもなかなか思い浮かばないので、**ツールを使って3つ目のキーワードを探してみましょ
う**。キーワードプランナー➡P.79を使うと「サプリメント　ケース」の次に入れるキーワードを探すことができます。キーワードプランナーの検索窓に「サプリメント　ケース」を入れて検索して、検索結果として表示される組み合わせのキーワードを丁寧に拾っていきましょう。

Chapter 4

良質なコンテンツの作り方〜コンテンツ対策編〜

検索ワードをタイプ別に分けると、3タイプのユーザーの特徴が見えてきます。

図4-5-3 検索ワードを分類する

キーワード（関連性の高い順）		月間平均検索 ボリューム ↓
サプリメント ケース	⌁	1,900
サプリ ケース 100 均	⌁	170
サプリメント ケース 無印	⌁	170
サプリメント ケース おしゃれ	⌁	170
サプリメント ケース おすすめ	⌁	110
サプリ ケース かわいい	⌁	110
サプリメント ケースダイソー	⌁	90
サプリメント ケース セリア	⌁	50

キーワード（関連性の高い順）		月間平均検索 ボリューム ↓
サプリメント ケース 密閉	⌁	40
サプリ ケース amazon	⌁	30
サプリメント ケース ファンケル	⌁	20
サプリメント ケース デコ	⌁	10
サプリメント ケース ベコン	⌁	10
サプリメント ケース 大容量	⌁	10
リースリング サプリメント ケース	⌁	10
サプリ ケース 楽天	⌁	10

タイプ1：おしゃれ重視

薄い青枠の「おしゃれ」「おすすめ」「かわいい」を3つ目のキーワードとして検索している人はきっと、**「女性らしい人、小物にこだわる人、人前で飲むこともあるので他の人の視線も気になる人」** ではないでしょうか？

そんな人には、以下のタイトルが刺さります。

図4-5-4 タイプ1に有効なタイトル

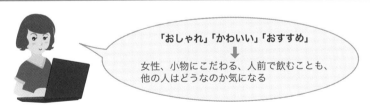

タイトルの付け方（上級編）▶ 検索意図からタイトルを考える

「おしゃれ」「かわいい」「おすすめ」
↓
女性、小物にこだわる、人前で飲むことも、
他の人はどうなのか気になる

女性におすすめ！
おしゃれな
サプリメントケースは
これだ

サプリメント上手は
ケースが違う
おしゃれvs.かわいい
サプリケース選びのコツ

厳選！
人に見せたくなっちゃう
かわいい
サプリメントケース

タイプ2：価格重視

同様に、青枠の「100均」「無印」「ダイソー」を3つ目のキーワードとして検索している人は、**「お金をかけたくない、安いものがほしい、シンプルなケースでOK、良いものがあればすぐに買いたい」**という気持ちでしょう。

そういう人には、以下のようなタイトルを見せれば、心をつかむことができます。

- **100均、ダイソーで買えるサプリメントケース**
- **今すぐ買いたい！激安サプリメントケース**
- **シンプルなサプリメントケースはココで買え**

タイプ3：機能重視

グレー色枠の「密閉」「大容量」を入れる人は、**「機能優先、使いやすさ優先の人」**です。検索ワードをしっかり書き入れてあげることで、コラムへの誘導ができそうです。

少しキャッチーなタイトルに工夫すると以下のようになります。

- **機能重視のサプリメントケースは密閉式と大容量が決め手**
- **大容量で密閉性の高いサプリメントケースの決定版**

検索ワードを3語、4語と分析していくと、ユーザーの検索意図はより明確になっていきます。

タイトルを付けるときは、ユーザーの検索意図を想像して、検索意図にこたえる内容のコンテンツを用意しておきましょう。

良質なコンテンツの作り方〜コンテンツ対策編〜

Lesson 4-6

キーワードに基づいたストーリー作り

コンテンツの品質を高める骨子の作り方

家を建てるときに、いきなり柱を立て始める人はいないでしょう。最初に設計図を作ります。コラム記事などのコンテンツも同じです。設計図を作り、無理がないかを見極めてから文章を書いていきましょう。

文章を書こうとすると、「あれも書きたい」「これも書きたい」とあれこれ浮かんできて、とりとめのない文章になってしまいます。「結局、何が言いたいの？」と聞かれることも……トホホ。

とりとめのない文章……、ありがちです。
骨組み（構成）を決めてしまえば、何を書けばいいのかわかるので、脱線を防げます。

キーワードを偏らせない文章とは？

　SEO のための記事コンテンツは、**本文全体にキーワードがちりばめられているほうが有利です。**「ハワイアンジュエリー　選び方」というキーワードで上位表示したいのであれば、本文の前半だけに「ハワイアンジュエリー　選び方」が書かれている原稿よりも、本文の前半、中盤、後半と全体に「ハワイアンジュエリー　選び方」が含まれていたほうが理想的です。
　キーワードが前半または後半に偏った文章は、文章全体として別のことを語っている可能性も高く、キーワードにマッチしていない文章に仕上がっている危険性もあります。

ストーリーを俯瞰する骨子の役割とは？

　キーワードを考えながら文章を書いた経験がある人は少ないと思いますので、いきなり書き始めずに、最初に骨子を作ることをオススメします。
　骨子とは、文章の骨組み。全体のストーリーを作ることです。
　「ハワイアンジュエリーの選び方」というタイトルの文章を書く場合、どんなことを書けるかを書き出し、書き出した内容についてどんな順番で書いていくかを決めていきます。

骨子を作ることによって、コンテンツのストーリーを組み立て、論理的で抜け漏れのない文章を仕上げることができます。文章の脱線を防ぐ、余計なことを挟み込まない、統一感のある文章を作るなどの役割も果たします。

「ハワイアンジュエリー　選び方」で書くべき内容の洗い出し

ハワイアンジュエリーの選び方として、どんなことを伝えたらよいでしょう？　まずは思い浮かぶアイデアを書き出したり、人に話すことでアイデア出しを行っていきましょう。

ハワイアンジュエリーといってもネックレス、リング、ピアス、ブレスレットなどいろいろ。
それぞれの特徴を知らないと選べないのでは？

ハワイアンジュエリーを、誰が身に着けるのかによって選ぶポイントが変わるでしょう。
男女、年齢、好み別に選び方を書いてみましょう。

「どんな目的で買うのか？」を考えれば、
プレゼントなのか自分用なのかも変わってきますね。

もっと書けることが浮かぶこともあるでしょう。

たくさん洗い出してから、読者に役立つ内容に絞り込む方法がベストです。「書きたいこと」「書けること」「知っていること」をすべて並べるのはNGです。絞り込みましょう。

付箋を使った骨子作り「4つのステップ」

内容の洗い出しを行うときは、付箋を使うと便利です。次の4つのステップで骨子を完成させましょう。

ステップ① 情報の洗い出し

付箋を使ってたくさんの情報を洗い出します。ここではとにかく「数」を出しましょう。今回のテーマで書けない情報を書いてしまったとしても、別のテーマを書くときのヒントになります。

ステップ② グルーピング

　似ている内容の付箋をまとめてグルーピングします。グルーピングすることによって、内容が薄いグループに情報をつけ足したり（付箋を追加）、新しいグループの必要性が見えてきたりします。グループに属さない情報（付箋）があっても問題ありません。別のテーマを書くときに利用しましょう。

ステップ③ ラベル付け

　グループごとにラベルを付けます。ラベルとは見出しのようなイメージです。グループ全体を表すラベルを付けておきましょう。

ステップ④ 骨子作成

　コンテンツの構成（書く順番）を考えましょう。付箋を使うので、順番を入れ替えたり付箋の追加、削除も自由自在です。

図4-6-1 付箋を使った骨子作りの流れ

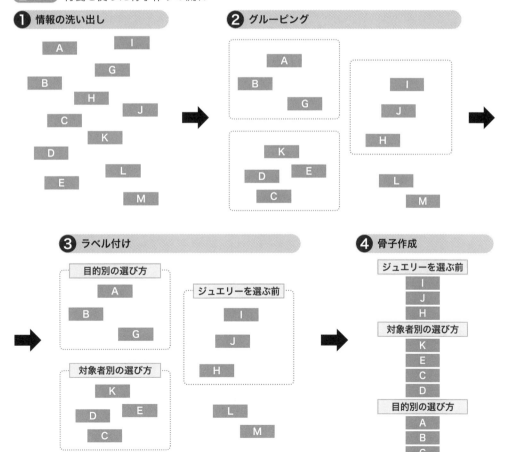

骨子・設計図を作る

骨子ができあがったら、以下の観点で骨子をチェックしましょう。

- ■ キーワードと合致しているか？
- ■ 読者が知りたいことを押さえているか？
- ■ 冒頭と結論がずれていないか？

図4-6-2 骨子・設計図の例

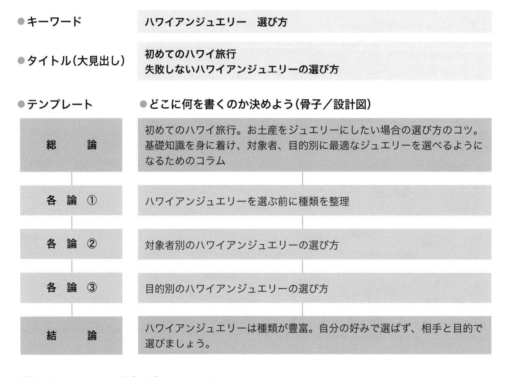

● キーワード	ハワイアンジュエリー　選び方
● タイトル(大見出し)	初めてのハワイ旅行 失敗しないハワイアンジュエリーの選び方
● テンプレート	● どこに何を書くのか決めよう(骨子／設計図)
総　　論	初めてのハワイ旅行。お土産をジュエリーにしたい場合の選び方のコツ。基礎知識を身に着け、対象者、目的別に最適なジュエリーを選べるようになるためのコラム
各　論　①	ハワイアンジュエリーを選ぶ前に種類を整理
各　論　②	対象者別のハワイアンジュエリーの選び方
各　論　③	目的別のハワイアンジュエリーの選び方
結　　論	ハワイアンジュエリーは種類が豊富。自分の好みで選ばず、相手と目的で選びましょう。

骨子ができてから、文章を書いていきましょう。

Lesson
4-7

見えないところで効いてくる

タイトルタグと
ディスクリプションタグ

SEOを意図した文章では、本文のほかにも書くべきところがあります。ページ上では見えないのですが、SEOの観点では本文同様とても重要になります。タイトルタグ、ディスクリプションタグについてマスターしましょう。

タグはなんだか専門的なので、私たちWebサイトのオーナーが知らなくても大丈夫ですよね？
プログラムみたいだし……

いえいえ、最低限知っておかないとマズイというタグもあります。SEOに影響が出るタグだけでも覚えておきましょう。

Webサイトを構築するHTMLタグ

　Webサイトは、HTMLタグで作られています。HTMLとは「HyperText Markup Language」の略です。目印をつけるという意味の「Markup」が示す通り、HTMLを使うことによって、ドキュメントの各部分が、どのような役割をもっているのかということを明確にすることができます。

　例を見たほうがわかりやすいので、次の手順でHTMLタグを確認してみましょう。

HTMLタグを確認する

❶好きなWebサイトを開きます
❷ブラウザ上で右クリックをして「ページのソースを表示」を選択します
❸HTMLタグが表示されます

図4-7-1 ページのソースを表示

※Google Cromeの例です。他のブラウザでも類似の機能があります。

図4-7-2 HTMLタグ

```
<!doctype html>
<html lang="ja">
<head prefix="og: http://ogp.me/ns# fb: http://ogp.me/ns/fb# article: http://ogp.me/ns/article# >
<meta charset="utf-8">
<meta http-equiv="X-UA-Compatible" content="IE=edge">
<meta name="viewport" content="width=device-width, initial-scale=1.0">
<meta name="format-detection" content="telephone=no">
<title>オウンドメディア「コンテンツマーケティングの成功法則！」｜グリーゼ</title>
<meta name="description" content="コンテンツマーケティング会社【グリーゼ】が運営するオウンドメディア。コン
<meta name="author" content="株式会社グリーゼ">
<link rel="canonical" href="https://gliese.co.jp/success/">
<script>(function(w,d,s,l,i){w[l]=w[l]||[];w[l].push({'gtm.start':new Date().getTime(),event:'gtm.js'});va
```

2. HTMLタグが表示されます

タイトルタグ

ディスクリプションタグ

　いまはHTMLタグを意識することなく、Web制作ソフトを使ってWebサイトを構築するケースがほとんどですが、SEOに影響のあるタグについては、知識と書き方のルールを知っておく必要があります。

タイトルタグとディスクリプションタグ

SEO的に特に重要なタグは、タイトルタグとディスクリプションタグです。タイトルタグ、ディスクリプションタグに記述した文章は、検索エンジンの検索結果のページにも表示されます。

図4-7-3 検索結果での表示例

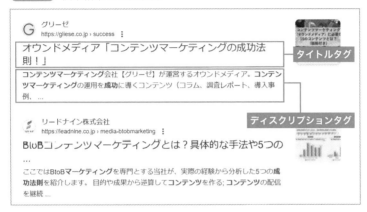

MEMO ///

検索結果に表示されるタイトルの下の部分を、「**スニペット**」と呼びます。通常はディスクリプションタグの文章が表示されますが、Googleが自動生成した文章が表示されることもあります。

タイトルタグ、ディスクリプションタグにキーワードを入れる

タイトルタグは、そのページに何が書いてあるのかを示します。キーワードを含めながら、簡潔かつ具体的に書きましょう。

タグの書き方としては、**\<title\>** と **\</title\>** の間に、タイトルに該当する文章を書きます。

ディスクリプションタグは、そのページの概要説明です。キーワードを含めながらページの説明文を記述します。書き方は、**\<meta name="description" content="**○○○○○○○○○○○○**" /\>** のように、○○○○○○○○○○○の部分に日本語で記述します。

具体例：有名店はどういうタグを付けているのか

アウトドア専門店「好日山荘」を例に見てみましょう。

好日山荘は「登山用品」「アウトドア用品」などを扱っている専門店なので、「登山用品」「アウトドア用品」と検索されたときに1位になりたいはずです。

ページのソースを見ると、タイトルタグにもディスクリプションタグにも、キーワードがしっかりと書き込まれています。

好日山荘

\<title\>登山・クライミング・アウトドア用品の総合専門店 好日山荘 登山・アウトドア用品の専門店【好日山荘】\</title\>

\<meta name="description" content="全国に56店舗を超えて展開する登山・クライミング・アウトドア用品の総合専門店 好日山荘のオフィシャルサイトです。各店舗のセール情報から好日山荘スタッフによる登山・クライミングレポート、アウトドアギアを紹介する好日山荘マガジンなど様々な登山・アウトドアの情報を発信しています。 登山・アウトドア用品の専門店【好日山荘】" /\>

このように、タイトルタグ、ディスクリプションタグに、そのページで狙いたいキーワードを入れておくことが重要です。

いくつか有名なWebサイトのタイトルタグ、ディスクリプションタグを引用しておきますので、参考にしてみてください。キーワードを上手に含めながら、ユーザーにクリックさせるような工夫も行われています。

日経新聞

\<title\>日経電子版 2カ月無料の春割でお申し込み｜日本経済新聞のニュース・専門情報\</title\>

\<meta name="description" content="日本経済新聞 電子版のお申し込み、料金など詳細はこちら。経済ニュースをはじめ日本経済新聞社ならではの価値ある情報を厳選してお届け。パソコン・スマホでどこでも利用可能。有料会員なら紙面イメージの表示や記事保存、キーワード登録でビジネスにつながる情報収集を効率化します。" /\>

カメラのキタムラ

\<title\>デジカメ・デジタルカメラのことならカメラのキタムラ｜カメラのキタムラ\</title\>

\<meta name="Description" content="写真現像やカメラ・デジカメの販売、買取などはカメラのキタムラへ。あなたの大切なお写真の現像・保存・プリントも写真専門店カメラのキタムラにお任せ下さい。スマホも格安で販売中です。" /\>

タイトルタグの書き方

タイトルタグを書くときは、以下の点に注意しましょう。

- 目標のキーワードを入れる
- ページの内容に合ったタイトルを付ける
- 他のページとは違うタイトルを付ける
- 30文字以内に設定する
- 目標キーワードは、前方に入れる
- キーワード同士を近くに配置する

例）目標キーワードを前方に入れるとは？

キーワードをタイトルタグの先頭のほうに置きましょう。以下は「ハワイアンジュエリー　選び方」というキーワードの一例です。

キーワードが前のほうにある例

ハワイアンジュエリーの選び方○○○○○○○○○○○○○○○○

キーワードが後ろのほうにある例

○○○○○○○○○○○○○○○○ハワイアンジュエリーの選び方

例）キーワード同士を近くに配置するとは？

SEOコンテンツのタイトルを考えるときには、**キーワード同士を近くに置くように心がけましょう**。

キーワード同士が近いタイトル

○○○○○○○○○○○○○○○○ハワイアンジュエリーの選び方
ハワイアンジュエリーの選び方○○○○○○○○○○○○○
○○○○○○○○ハワイアンジュエリーの選び方○○○○○○○

キーワード同士が遠いタイトル

ハワイアンジュエリー作家だけが知っているかわいいピアスの選び方

`遠い`

ディスクリプションタグの書き方

ディスクリプションタグを書くときは、以下の点に注意しましょう。

- 目標のキーワードを必ず入れる
- 目標キーワードを含め、ページの内容に合ったディスクリプションにする
- 他のページとは違うものにする
- 120文字を目安に設定する
- 単語の羅列ではなく、わかりやすい文章にする

ディスクリプションは、検索結果の説明文として表示されます。ここを読んでクリックするかどうかを決める人も多いところですので、キャッチーな文章にしましょう。

COLUMN

キーワードタグは記述するべきか？

タイトルタグとディスクリプションタグの近くにあり、SEO的な効果が議論されがちなタグがキーワードタグです。

記述方法は、該当ページのキーワードをカンマで句切りながら記述します。

【記述例】
```
<meta name="keywords" content="キーワードA, キーワードB, キーワードC">
```

ただし、キーワードタグは、SEO的な効果はありません。

Google検索セントラルのブログにも「Googleはウェブランキングにキーワード、メタタグを使用しません」と明記されています。SEOにおいて、キーワードタグは、記述する必要はありません。

COLUMN

初めてのタグ作成

タイトルタグの作り方、ディスクリプションタグの作り方を読んでも、初めてタグを作るときは悩むものです。そんなときは、すでに上位表示しているWebサイトを参考にしましょう。

例えば「コーヒー豆　選び方」というキーワードでタグを書かなければならない場合は、Googleで「コーヒー豆　選び方」と検索してみるのです。上位10サイトくらいを見て、どんなタグを作っているかを参考にしてください。

次ページへ

図4-7-A 「コーヒー豆　選び方」のタグ例

クラシル比較
https://hikaku.kurashiru.com › ... › コーヒー・紅茶・お茶 ⋮

初心者さんでもわかる！コーヒー豆の選び方について解説

7 日前 — ミルクと混ぜ合わせて飲むカフェオレでは、ミルクのコクや甘みでコーヒーの味がぼやけないよう、苦味の強い**コーヒー豆**を選ぶといいですよ。焙煎度合いで ...

全自動コーヒーマシン | デロンギ
https://barista.delonghi.co.jp › mame › choice ⋮

コーヒー豆の選び方 | コーヒーまめ知識

コーヒーは、豆の種類や産地、焙煎、豆の挽き方によって味、香り、酸味が異なります。その特徴を知って、自分の好みや気分にあった楽しみ方を見つけましょう。

日本安全食料料理協会
https://www.asc-jp.com › drink › cafe › コーヒーの味と... ⋮

コーヒーの味と選び方

コーヒーソムリエ資格認定試験: **コーヒー豆**、コーヒーの産地や種類、美味しい生豆の見分け方、焙煎についてなど、コーヒーを選び、楽しむための知識が問われます。

「コーヒー豆　選び方」の検索結果は、「コーヒー豆」と「選び方」という２つのキーワードを入れながら、それぞれ工夫しているのがわかります。「どんな文章が書いてあったらクリックするか」を考えながら、チェックしてみましょう。

　以下は「猫　トイレ　しつけ」の検索結果です。さまざまなキーワードで検索して、各サイトでどんな表現をしているか、研究してください。

図4-7-B 「猫　トイレ　しつけ」のタグ例

イオンペット
https://www.aeonpet.com › topics › pet-column_019 ⋮

**【子猫・成猫】トイレのしつけの基礎知識 | ペテモ
[PETEMO]**

しつけされている成**猫**の場合は、**猫用トイレ**で排泄するのに慣れているので「我が家の**トイレ**はここだよ」と教えてあげるだけでOKです。ソワソワしたり床をクンクンしたりする ...

st-c.co.jp
https://products.st-c.co.jp › plus › question ⋮

猫のトイレのしつけ方に悩んでいます。粗相してしまう原因と ...

2022/09/29 — 排泄後に**トイレ**から飛び出てくる場合、**トイレ**や**猫**砂に不満があったり、置き場所が合わないのかもしれません。早く**トイレ**から出たいため、砂をかけずに ...

Kao
https://www.kao.co.jp › nyantomo › koneko ⋮

子猫の育て方【トイレのしつけ】監修 猫 ... - Kao

【**猫**専門獣医師監修】子猫の飼い方・育て方として、特に注意したい子猫の**トイレ**の**しつけ**や**トイレ**環境についてご紹介します。獣医師がオススメする、**ネコ**ちゃんの気持ち ...

Lesson

4-8

記事を書くときには必ず設定しよう

見出しタグの構造と書き方を知る

タイトルタグ、ディスクリプションタグと同様に重要なのが、大見出しを表すタグのh1（エイチワン）です。見出しタグは、h1〜h6の6種類あります。使い方をマスターしましょう。

文章を書くときに、いくつかの小見出しをつけます。このとき、ただ文字を大きくすればOkですか？

見出しはSEO的に重要な役割を果たしますので、見出し用の専用タグが用意されています。このタグをつけることによって、Googleのロボットに「ここが見出しですよ。見出しには、こんな言葉を使っていますよ」と伝えることができます。

見出しタグ（h1〜h6）の構造

各ページの見出しに該当するのが、見出しタグ（h1〜h6）です。

見出しタグには、<h1>〜<h6>まであり、数字が小さいほど、大きな見出しとなります。大きい見出しほど、SEO的な重要度も高くなります。

見出しタグの位置づけは次ページの**図4-8-1**のようになります。

見やすいように大見出しを大きく、太く表記して、中見出し、小見出しになるにしたがって、小さなフォントで表記するのが一般的です。

見出しタグを使う順番

SEO的には、h1〜h6をロジカルに使用することが重要です。**見出しタグを活用することによって、文章の論理構造が明確になります。**

見出しタグは、「h1→h2→h3→h4→h5→h6」という順番で記述しましょう。

見出しのランクとして、<h2>の上に<h3>がくるといった使い方はNGです。

図4-8-1 見出しタグの位置づけ

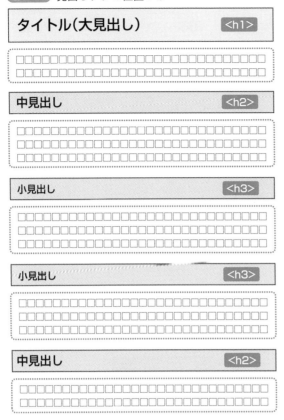

- h1：大見出し
- h2：中見出し
- h3：小見出し
- h4：h3の下の見出し
- h5：h4の下の見出し
- h6：h5の下の見出し

　大見出しである「h1タグ」は、各ページにひとつだけです。h2〜h6は、各ページにいくつ設定しても問題ありません。

大見出し（h1）の書き方

- **大見出し（h1）に、目標キーワードを必ず入れる**
- **大見出し（h1）タグは、各ページにひとつだけ**
- **ページの内容に合ったものを、簡潔にわかりやすく書く**

記述例

<h1> 企業の「サステナビリティページ」を作ろう **
** 〜サステナビリティページに必要な５つのコンテンツとは？〜 **</h1>**

<h2> ■サステナビリティページに必要な５つのコンテンツ **</h2>**

図4-8-2 見出しタグの表示例

h1タグを付けた見出し

h2タグを付けた見出し

COLUMN

altタグはSEOに効果的か？

　alt（オルト）タグは、Webサイトのなかに画像がある場合、その画像が何を表すのかを示すために設定するタグです。記述方法は、以下の通りです。

【記述例】

<img src="boy.jpg" alt="サッカーボールをける少年">
<img src="tokyo-station.jpg" alt="東京駅の外観">

　altタグは、画像情報を検索エンジンに伝える役目を果たします。また、画像が表示されなかった場合に、ユーザーに画像の内容を伝えるのに役立ちます。視覚障害のあるユーザーや、テキストベースのブラウザを使用するユーザーにとっても、画像の代わりとなる情報を提供します。

SEOで集客力だけ上げれば満足ですか？

購入につなげる
コンテンツの作り方①

SEOの勉強をしていると、「集客」だけにこだわってしまいがちです。または検索順位が上がった下がったと一喜一憂してしまう人も多いです。「集客」→「購入」→「リピート」の流れを常に頭に置いておくようにしてください。集客は、Webサイトに訪問者を集めただけ。売り上げを上げるためにはその先の「購入」さらに「リピート」まで考えなければいけません。

初めて訪問したWebサイトで、サプリメントのお試し購入としてしまいました。

それはまた、太っ腹な（笑）

最近眠れなくて睡眠不足のことを調べていたのですが、眠れない原因や体調のことが詳しく書いてあって…。読んでいたらすごく納得してしまって、思わずポチっと！コンテンツのチカラを感じました！

ここまで、ずっと「集客」「SEO」という切り口でお話してきましたが、そろそろ購入のことも考えていかないといけませんね。

「集客→購入→リピート」で売り上げを上げる

インターネットでビジネスを行ううえで最初に大切なことは「集客」です。「どんなにすばらしいWebサイトができても、訪問者がいなければ存在しないのと同じこと」というのは、本書の「Lesson 1-1 SEOとはなにか？」➡P.10に書いた通りです。

しかし、集客だけできればよいのでしょうか？
売上げを最大化するために、次の3つのステップを考えてください。

図4-9-1 売上を最大化する3つのステップ

① 集 客	② 購 入	③ リピート

ステップ①集客

　Webサイトへの訪問者を増やします。SEOが成功してくると、徐々に訪問者が増えてきます。SEOでの上位表示に時間がかかる場合は、リスティング広告を併用➡P.33するなどして集客の施策を考えましょう。

ステップ②購入

　集客ができても誰も買ってくれなければ、売り上げは作れません。**集客の次は、購入**です。Webサイトで購入に至らなくても、「問い合わせ」「資料ダウンロード」「メルマガ登録」「会員登録」など**「次につながる行動」をお客様に行ってもらう**ことが重要です。

ステップ③リピート

　ひとりのお客様に一度購入していただいたら、2度、3度と**リピート購入**していただけるように考えましょう。化粧品、健康食品など定期的に必要な商品の場合は、定期購入に誘導できるとベストです。

　SEOに取り組んで集客力のあるWebサイトを作ることが大事ですが、**その次のステップに購入、リピートがある**ということを常に意識しておきましょう。
　ここでは、成約率まで考慮したコンテンツの作り方を説明します。

┃ 購入につなげるコンテンツに必要な要素は？

　Lesson 4-4からLesson 4-6までは、キーワードを基準にしてコンテンツのタイトルを考えたり、原稿を書くための骨子を作ったり、「SEOに効果的」なコンテンツの作り方を説明してきました。きちんと考えて実行すれば良質なコンテンツは作れますが、購入につなげるところまでは考えていませんでした。
　では、上記の流れで作ったコンテンツをひとひねりして、商品の購入につなげるためにはどうしたらよいのでしょうか？
　ひとつの方法としては、**コンテンツの最後に「購入ボタン」のような行動につながるボタンを配置する**ことが考えられます（図4-9-2）。

購入ボタン以外にも、いろいろなボタンが考えられます。せっかくWebサイトまで来てくれたお客様が**「なにもしないで帰る」なんてことをさせてはいけない！　何かしら行動をしてから帰っていただくように仕掛けて**いきましょう。

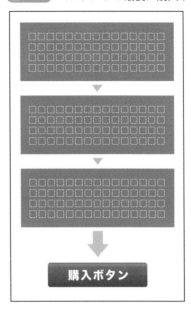

図4-9-2 コンテンツの最後に購入ボタンを配置

図4-9-3 行動につなげるボタンの例

行動してもらうための「ボタン」を決める

　行動につなげるコンテンツを作る場合は、コンテンツの最後にどんな「ボタン」を配置するかを決めることが大事です。ボタンは、商材やサービスによって変わってきます。

図4-9-4　コンテンツに適したボタンへの誘導

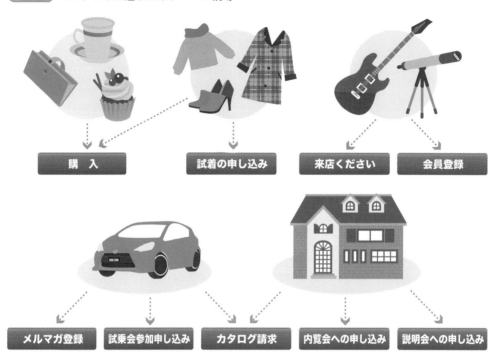

　例えば、食品や雑貨のような「衝動買いできる」低価格の商材の場合、「購入ボタン」を置いておけば購入してもらえる可能性は高まります。

　では、住宅や自動車のような高額商品の場合はどうでしょうか？
　高額商品の場合は、Webサイトで「購入ボタン」を押してもらうことは無理でしょう。その場合は、「住宅展示場へ予約」「試乗会への申し込み」「説明会への申し込み」などが行動しやすいかもしれません。
　大切なことは、お客様が**行動しやすいようにハードルの低いボタンを用意**してあげることです。お客様の気持ちを読み取って「どんなボタンを置いてあげたら行動しやすいかな？」と考えましょう。

行動させる「ボタン」に向かって原稿を書く

　購入につなげるコンテンツを作るためには、コンテンツの最後に配置する「ボタン」に向かっていくような原稿を書かなければいけません。

　普通のライティングよりも難易度は上がります。またコンテンツの内容によっては、ボタンとのつながりがうまく作れず、文章を書けないケースも出てくるかもしれません。

　新しいコンテンツを作る場合は、最初に骨子を作ってから原稿を書くという段取りでコンテンツを作っていきましょう。

　例えば、あるサービスの「無料相談会への申し込み」ボタンをクリックしてほしい場合、最初にボタンの確認をします。このボタンに向かってどんなことを説明すればスムーズかをじっくり考えます（**図4-9-5**）。

図4-9-5 行動ボタンから骨子を考える

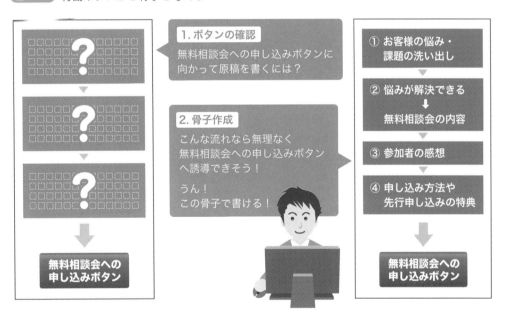

```
1. ボタンの確認
無料相談会への申し込みボタンに
向かって原稿を書くには？

2. 骨子作成
こんな流れなら無理なく
無料相談会への申し込みボタン
へ誘導できそう！

うん！
この骨子で書ける！

無料相談会への
申し込みボタン

① お客様の悩み・
　課題の洗い出し

② 悩みが解決できる
　無料相談会の内容

③ 参加者の感想

④ 申し込み方法や
　先行申し込みの特典

無料相談会への
申し込みボタン
```

　この段階で考えるのは骨子です。まだ文章を書き始めてはいけません。大きな流れだけを考えて、構成を組み立てていきます。

行動につなげるための骨子の例

　骨子は以下のように組み立てていきましょう。

❶**4つのブロックで組み立て、最初のブロックではお客様の悩みや課題を箇条書きで洗い出し、「こんなことで困っていませんか？」と問いかけてみましょう。**

❷2つ目のブロックでは、お客様の悩みを解決できる無料相談会があることを知らせ、相談会の内容を詳しく伝えましょう。

❸3つ目のブロックでは、過去の参加者の感想をいくつか並べて「過去の参加者も満足しているよ」「安心して参加してくださいね」と打ち出しましょう。

❹4つ目のボタン直前のブロックでは、申し込み方法と最後の一押しになるように先行申し込みの方向けの特典を大々的に書いてみましょう。

　この骨子なら、最後の「無料相談会への申し込み」ボタンに向かってスムーズにお客様を導く構成となっています。あとは文章を書いていくだけです。

COLUMN

文章は何文字書くのが適切？

　Googleに評価されるためには、何文字必要なのでしょうか？　以前は、500文字以上とか1,000文字以上などの数値が議論されることもありましたが、今は文字数は関係ありません。

　500文字でも内容が具体的でオリジナルな文章であれば評価されますし、3,000文字、6,000文字必要な場合もあるでしょう。

　決め手になるのは、コンテンツの質なのです。

　ただし500文字くらいでは、深く突っ込んだ内容の文章にはなりにくいのではないかと思います。逆に6,000文字もあると、テーマから外れた内容が含まれてしまう可能性も高まりますし、なにより6,000文字の文章量は読者にとって「長い」と受け取られてしまうでしょう。

　2,000文字〜3,000文字が、ひとつの目安になると考えます。

Lesson 4-10　ボタンの位置でバリエーション！
購入につなげるコンテンツの作り方②

Lesson 4-9に続いて「購入ボタン」の位置を変えながら、さらに多くのバリエーションを紹介していきます。購入ボタンの位置は、コンテンツの最後とは限りません。本文中に複数のボタンを置くケースもありますし、どうしても原稿中に「ボタン」を置けない場合の対処法なども考えていきましょう。

> ブログを毎日のように書いていますが、自分が書きたいことを書くだけでした。書いたことから何か行動につなげるように改善しなきゃ！

> 今までのブログ読者さんは、「ブログを読んで納得して、ありがとう～って帰る」パターンでしたね。これからは、何か行動を起こしてもらいましょう。

基本：コンテンツの最後に「ボタン」を置く

　行動につなげるボタンの代表的なものが「購入ボタン」です。Lesson 4-9では、他にも「会員登録」「セミナー申し込み」「資料請求」「問い合わせ」などさまざまな「ボタン」があると紹介しました。基本になりますので、改めて別の例を見てみましょう。

　図4-10-1のうち、左側の図は、一般的なコンテンツの構成です。この例では「資料請求」ボタンをコンテンツの最後に置きます。

　右側の図は、例となる骨子です。タイトルは「初めてのスマホ！セキュリティ対策のポイントとは？」となっています。

　本文は、大きく3つのポイントのコーナーに分かれます。「セキュリティ対策のポイント」を具体的に3つ紹介して、最後に「さらに詳しい資料が必要な人はダウンロードしてください」とボタンに誘導しています。

　スムーズにボタンまで誘導できる骨子になっているので、骨子に肉付けすれば原稿ができあがります。

　この例のように、購入につなげるコンテンツの作り方の基本的な構成として、**ボタンを最後に置くパターン**を覚えましょう。

図4-10-1 コンテンツの最後でクロージングする

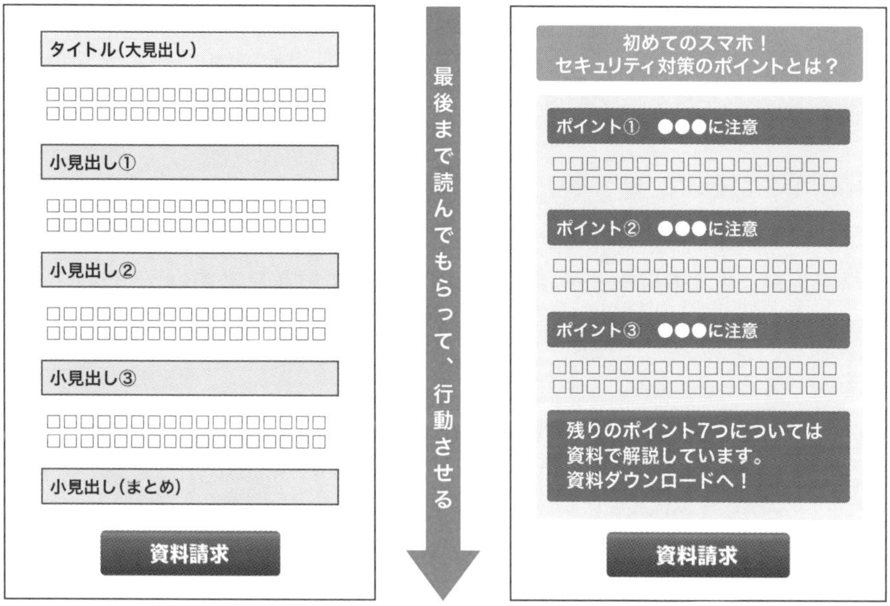

| タイトル(大見出し) |
| 小見出し① |
| 小見出し② |
| 小見出し③ |
| 小見出し(まとめ) |

資料請求

最後まで読んでもらって、行動させる

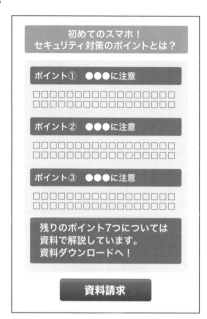

初めてのスマホ！
セキュリティ対策のポイントとは？

ポイント①　●●●に注意

ポイント②　●●●に注意

ポイント③　●●●に注意

残りのポイント7つについては
資料で解説しています。
資料ダウンロードへ！

資料請求

本文中に複数の「ボタン」を置く①

次に、**ひとつのコンテンツのなかに複数のボタンが入ってくるパターン**を紹介します。

図4-10-2 コンテンツの途中で複数のクロージング

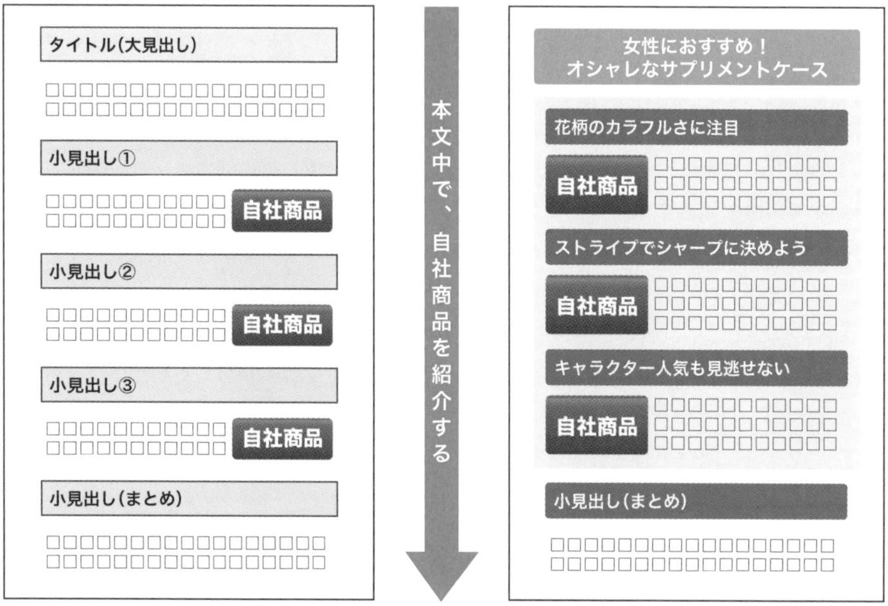

| タイトル(大見出し) |
| 小見出し① |
| 自社商品 |
| 小見出し② |
| 自社商品 |
| 小見出し③ |
| 自社商品 |
| 小見出し(まとめ) |

本文中で、自社商品を紹介する

女性におすすめ！
オシャレなサプリメントケース

花柄のカラフルさに注目

自社商品

ストライプでシャープに決めよう

自社商品

キャラクター人気も見逃せない

自社商品

小見出し(まとめ)

この例では「女性におすすめ！オシャレなサプリメントケース」というタイトルが付いています。

本文中では、女性におすすめしたいオシャレなサプリメントケースとして、3つのタイプを順番に紹介していく構成になっています。

3つのタイプは、花柄、ストライプ、キャラクターもの。この3タイプを具体的に説明しながら、「実際の商品はこちらから」と書いて商品ページへのリンクを張っていくパターンです。

お客様は「花柄がいいな」と思えば、ボタンをクリックして花柄の商品ページに移動できるので、購入につながる可能性が高まります。

▌本文中に複数の「ボタン」を置く②

本文中に複数の「ボタン」を置く例を、もう少し別のパターンで見てみましょう。

図4-10-3 本文中でのクロージング

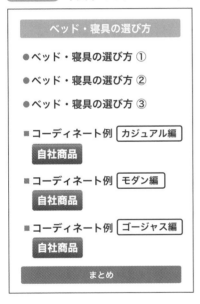

図4-10-3のうち、左側は、「ベッド・寝具の選び方」というタイトルのコンテンツです。大きく6つのブロックに分かれています。

前半の3つのブロックで、選び方のポイントを3つ紹介します。ここまでに「ボタン」は登場しません。

後半の3つのブロックで、コーディネート例を3パターン掲載します。コーディネート例なので、具体的なベッドや寝具（布団、布団カバー、まくらなど）が紹介され、「いいな」「ほしいな」と思ったお客様は、ボタンをクリックして商品ページに行くことができます。

前半の「ベッド・寝具の選び方」のポイントを読んで納得してから、下のコーディネート例にス

クロールしてきているお客様です。単にコーディネート例だけを見たお客様よりも、納得感がある分だけ購入につながりやすくなります。

　右側は、レシピコンテンツの例です。材料、道具、作り方などの一般的なレシピの下にボタンが2種類付いています。

　このレシピで紹介された「材料をまとめて買う」というボタンと、このレシピで使われた「キッチングッズをまとめて買う」というボタンです。

　レシピを見てこれをそのまま作りたいと思ったら、両方のボタンから購入につながるかもしれません。

コンテンツの周辺に「ボタン」を配置する

　どうしても原稿中に「ボタン」を置けない場合もあるでしょう。SEOのためにキーワードを洗い出し、キーワードをもとにコンテンツを作ろうと考えた場合、原稿中にボタンを入れることが難しいケースが多いと思います。

　そのようなときは、無理やりボタンを原稿の中に入れ込むのではなく、原稿の周辺に「ボタン」を置いておく程度にとどめましょう。

図4-10-4　コンテンツの周辺に「ボタン」を配置する

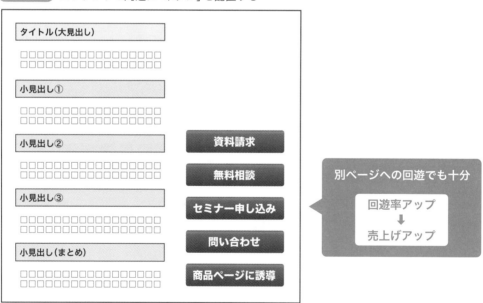

「ボタン」は、いろいろなボタンを用意しておきましょう。

　いろいろなページを見てもらうことは、回遊率のアップにつながります。回遊率が上がると、売り上げもアップします。

良質なリンクの集め方
～リンク対策編～

SEOにおいてリンク対策は重要です。

ただし、古いSEOを信じて無意味なリンクや価値のないリンク、購入したリンクなどを張ってしまうと逆効果です。

リンクは外部との関係なので、自分自身で修復不可能な事態に陥ってしまうケースもあります。

正しい知識を身につけて、リンク対策で失敗しないように注意しましょう。

Lesson
5-1

リンク張りのキホンのキホン

外部リンクと内部リンク

リンクは英語で「link」と書き、「つながる」「結びつける」「接続する」などの意味があります。Webの世界では、あるファイルから別のファイルへジャンプすることを「ハイパーリンク」(hyperlink)、略して「リンク」が一般的な言い方になっています。それでは、リンクとSEOの関係は、どうなっているのでしょうか?

「リンクを張るとSEOの順位が上がる」と聞いたことがあります。ほんとうですか?

SEOを考えるときに「○○をすると、SEOの順位が上がる」と考えないで、「○○をするとユーザーにとって有益だ」と考えてください。順位は、あとからついてきます。

ということは、「リンクのひとつひとつをユーザー目線で張っていくべき」ということになりますね?

外部リンクと内部リンク

　リンクには、いろいろな種類があります。まずは外部リンクと内部リンクについて説明しましょう。自分のWebサイトのあるページから、外部サイトの特定のページにジャンプすることを「**外部リンク**」と呼びます。自分のWebサイトのページから自分のWebサイトのページにジャンプすることを「**内部リンク**」と呼びます。

　外部リンクも内部リンクも、ユーザーが知りたい情報を次から次へとたどっていくための「道しるべ」として重要な役割があります。**ユーザーを最適な場所に導くリンクが、正しいリンクだと言えます。**
　リンクが適切に張られているWebサイトは、**Googleのロボットもスムーズに巡回**することができます。

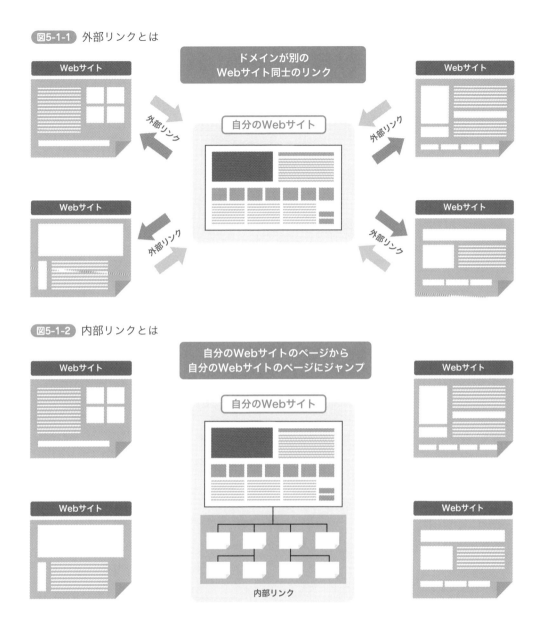

図5-1-1 外部リンクとは

ドメインが別の
Webサイト同士のリンク

Webサイト

外部リンク

自分のWebサイト

外部リンク

Webサイト

Webサイト

外部リンク

外部リンク

Webサイト

図5-1-2 内部リンクとは

自分のWebサイトのページから
自分のWebサイトのページにジャンプ

Webサイト

自分のWebサイト

Webサイト

Webサイト

Webサイト

内部リンク

▎外部リンクで、巡回するGoogleロボットを呼び込もう

　Googleのロボット（クローラー）は、世界中のWebサイトを24時間365日巡回して、各Webサイトの情報を集めています。

　ロボットが私たちのWebサイトに訪問して情報を集め、Googleのデータベースにインデックスすることによって順位が付きはじめます。ロボットの初訪問にはとても重要な意味があります。

　Googleのロボットは、リンクを頼りに巡回していますので、各Webサイトをリンクで張り合っ

ておくことは重要な取り組みになります。すでにインデックスされているWebサイトからのリンクが効果的です。

図5-1-3 ロボットはリンクを頼りに巡回

　外部リンクがなくても、Google Search Console（グーグルサーチコンソール）を使うことによって、より早くGoogleロボットの訪問を促すこともできます。詳細は「Lesson 3-7 サイトマップの作成とGoogleへの通知」➡P.115を参照してください。

内部リンクで回遊率アップ

　内部リンクは、自分のWebサイト内でページからページへとユーザーを導くために張っておくものです。例えばトップページからは、サービス情報、商品情報、会社概要、問合せフォーム、事例集など第2階層、第3階層のページにたくさんのリンクを張るでしょう。

　ユーザーはトップページから入ってくることが多いので、ユーザーの興味関心に応じてリンクを張っておくことが大切です。またジャンプした下層のページからトップページに戻るリンクや、下層ページから次のページへと導くリンクも必要です。ユーザーが行き止まりにならないように、次へ次へと導いていくようなリンクを張っておきましょう。

　リンクを効果的に張っておくことによって、**ユーザーの回遊率が高まり、結果として自分のWebサイトでの滞在時間を引き延ばすことができます。**

　ユーザーがリンクをたどるように、Googleのロボットも内部リンクをたどります。ロボットが回遊したページから順にインデックスされるのが一般的ですので、内部リンクを適切に張っておきましょう。

Lesson 5-2

リンク至上主義って過去のこと？

被リンクと発リンク

自分のWebサイトと外部のWebサイトを結びつける「外部リンク」には、リンクを張る方向によって「被リンク」と「発リンク」があります。「被リンクはSEOに絶大な効果がある」という時代もありましたが、それは過去のことです。正しい被リンクの獲得方法について解説します。

先日片思いの相手に告白しました。僕はいつも愛されるよりも愛するほうが好きなタイプです。あっさり、振られましたけどね（涙）

愛する愛されるって、SEOの観点で言うと発リンクと被リンクに似ています（笑）。告白は発リンクです。

僕もそろそろ被リンクがほしいな〜

被リンクと発リンク

被リンクとは、外部サイトから自分のWebサイトへ張ってもらうリンクのことです。

図5-2-1 被リンクとは

発リンクとは、自分のWebサイトから外部のWebサイトへ張るリンクのことです。

図5-2-2 発リンクとは

Lesson 5-1 から通して、「外部リンク」「内部リンク」「被リンク」「発リンク」と呼び方を説明してきましたが、すべてのリンクはユーザーが知りたいことを知らせてあげるための仕組みです。

ユーザーが知りたいこととは関係なくリンクが張られていたら、ユーザーにとっては迷惑なだけです。**「リンクはユーザーを正しい場所へ導くための仕組みである」**ということを、しっかりと覚えてください。

SEOにおいて、リンク至上主義の時代があった

今や人工知能まで搭載しているGoogle。さまざまな条件、複雑なアルゴリズムによって検索順位を計算しています。

ところが以前のGoogle（アルゴリズム）は、もっと単純なものでした。そのひとつに、被リンクによる加点がありました。

わかりやすく言うと、被リンクは「高評価としての投票である」という考え方です。リンクを張ってもらっているWebサイトは、外部のWebサイトから評価を受けている、つまり「良いWebサイトに違いない」という計算式です。被リンクが、検索順位を付けるひとつの指標になっていたのです。

図5-2-3 被リンク至上主義とは

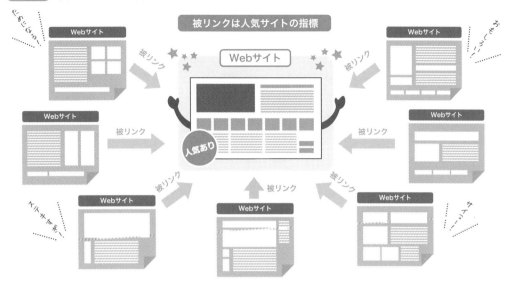

図5-2-4 被リンク至上主義に陥ると……

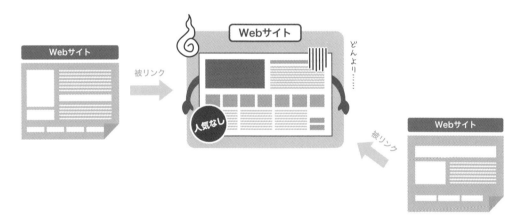

増殖する悪徳リンク vs. Google

「被リンクが多いWebサイト＝検索順位の上位に上がりやすい」ということがわかると、自分でたくさんのWebサイトやブログ等を作り、自分のWebサイトへのリンクを張るという自作自演リンクが増えていきました。

さらにリンクを販売する業者も多数現れました。

「御社のWebサイトに対してリンクを張ります。リンク〇〇本で〇〇円です」というリンク販売のビジネスも成り立っていたくらいです。

このような状況は、Googleにとって死活問題です。単にリンクが多いWebサイトが検索上位に表示されていたら、ユーザーにとっては「Google＝使えない検索エンジン」となりかねません。

そこでGoogleはアルゴリズムの改良を重ね、粗悪なリンクには大きなペナルティを与えるようになりました。これがペンギンアップデートP.24です。

ペンギンアップデートは、上記のような粗悪なリンク、購入したリンクなどを取り締まるアルゴリズムです。ペンギンアップデートによって、単なる被リンクだけでは上位表示ができなくなりました。それどころか、無意味なリンク、自作自演のリンク、購入したリンクなどは、Googleからペナルティを受け、順位を大きく下げられるようになりました。

リンクだけで上位表示できる時代は、もうとっくに終焉を迎えているのです。

リンク至上主義は過去のことです。SEOの歴史として覚えておく程度にとどめましょう。

COLUMN

簡単に外せない！ やっかいな被リンク

過去のSEOでは、「被リンクによる上位表示が主流だった」と言っても過言ではありません。コンテンツをコツコツ作ってアップロードしていく「コンテンツSEO」に比べると、被リンクのSEOは簡単です。数百リンク、数千リンクを販売する業者もありました。

被リンクのやっかいなところは、「簡単に外せない」という点です。

こんな悩みを耳にしたことがあります。

- リンク販売業者に「リンクを外してほしい」と依頼しても、なかなか外してくれない
- そのうちに、業者と連絡が取れなくなった
- リンク元のWebサイトの責任者にメールをしたが、無効なメールアドレスだった

こうなってしまうと、リンクを外してもらうことはできません。

ずっと「無意味なリンク」が張られたままとなり、永久にペナルティを受け続けることにもなりかねません。

最終的には、長く使ってきたドメインを捨て、新たに別ドメインでWebサイトを立ち上げ直したという企業もありました。

被リンクには、気を付けてください。

被リンクをうまく活用するには？

失敗しないリンク対策！
２つの条件を守ろう

リンクはユーザーにとってもGoogleロボット（クローラー）にとっても、道案内のような役割があります。SEOを目的とした（しかも過去のSEO）無意味なリンク、関連性のないリンクはかえって迷惑です。リンク対策で失敗しないための条件を知っておきましょう。

「コンテンツSEOこそSEOの王道である」ということが知れ渡っている今、リンクはSEO的には効果がないのでしょうか？

答えは、NOです。
リンクの効果は、今も高いと言われています。

では、どんなリンクを集めればよいのでしょうか？

良質なリンクってどんなリンク？

私たちは、どんなときにリンクを張るのでしょう？
例えば

- そのページが役に立ったとき
- 人に教えたい、紹介したいとき
- 感動したとき

などに、そのページへのリンクを張ります。
　リンクのもとには、必ず良いコンテンツが存在しているのです。
　良質なリンクとは、「良いコンテンツ」という認識のうえで張られるリンクのことです。

図5-3-1 良質なリンク

良いコンテンツがあるから張られるリンク

Webサイト

被リンク

Webサイト

価値のあるコンテンツ
役に立つコンテンツ
オリジナルコンテンツ

被リンク

Webサイト

被リンク

Webサイト

良質なリンクの2つの条件

クイズです。次の🅐〜🅒で良質なリンクはどれでしょう？

🅐 ペット用品を扱っているECサイトを運営しています。自分で、趣味のブログをたくさん立ち上げて、自分のECサイトへのリンクを張りました。

🅑 ペット用品を扱っているECサイトを運営しています。とにかくリンクの数を集めたかったので、リンク販売業者に依頼して有料で自分のECサイトへのリンクを張ってもらいました。

🅒 ペット用品を扱っているECサイトを運営しています。全国のペットショップから「ここの商品を扱っています」「ここの商品はオススメです」とリンクを張ってもらいました。ペットフードを買った飼い主さんたちも「ここのフード、うちのワンちゃんがお気に入りです」などとリンクを張ってくれました。

良質なリンクは、🅒ですね。リンクは数が多ければ良いわけではなく、**リンクの質が重要**です。良質なリンクの条件は、以下の2つです。

- **良質なリンクの条件① リンク元のコンテンツが良質であること**
- **良質なリンクの条件② リンク元とリンク先の関連性があること**

図5-3-2 良質なリンクの条件①

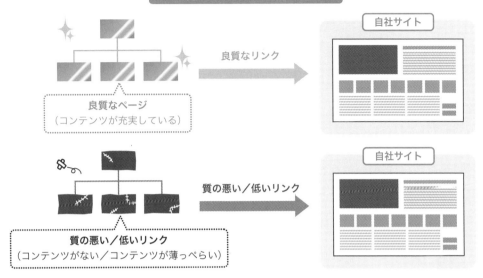

図5-3-3 良質なリンクの条件②

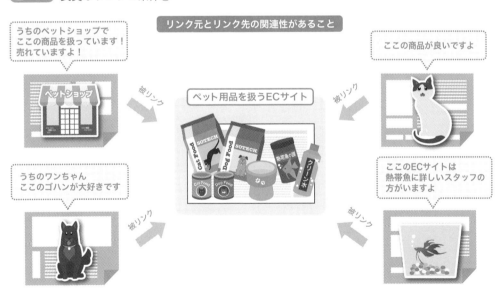

　質の悪いリンクは、良質なリンクの逆なので「リンク元のコンテンツが悪い」「リンク元とリンク先の関連性がない／薄い」ということになります。

ペット用品を扱っているECサイトに対してのリンクとしては、ペット関連のWebサイトから張ってもらったほうがSEO的には効果的です。ペットと関連の薄い（例えば、車、不動産、教育……）Webサイトからのリンクは、リンクとしての価値は高くないということになります。

インターネットで情報を探しているユーザーは、**膨大なインターネットのなかで効率よく、迷うことなく必要な情報にたどり着きたい**と思っています。関連性のないWebサイト同士のリンクは、ユーザーを迷わせ混乱させる原因にもなってしまいます。

ユーザーに気持ちよくインターネットを利用してもらえるためにも、**関連性の高いリンクが必要**なのです。

図5-3-4 関連性の高いリンクが強い

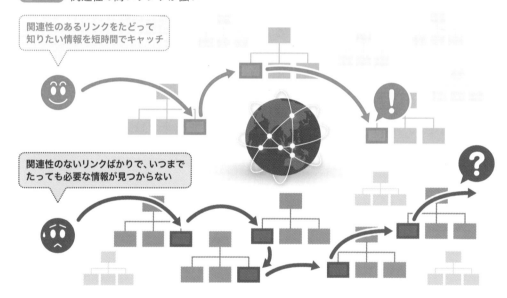

関連性のあるリンクをたどって
知りたい情報を短時間でキャッチ

関連性のないリンクばかりで、いつまで
たっても必要な情報が見つからない

Lesson
5-4

ナチュラルリンクを増やしていこう

良質なリンクの具体例

ここでは、良質なリンクの例をいくつか紹介します。実際のWebサイト名は出せませんが、いずれも弊社のクライアントの事例です。自社サイトで「良質なコンテンツ」を作り、そのコンテンツがユーザーに評価されたうえで張ってもらっているリンクです。このような自然なリンクを、「ナチュラルリンク」と呼びます。

リンクを張ってもらうって、たいへんなことですね。簡単にはリンクしてもらえないです……

その通りですね。日ごろからコツコツ、お客様のためになるコンテンツを作ることが大事ですね。

お客さまに「役に立った」「他の人にも紹介したい」と思っていただけるようなコンテンツを作らなければいけませんね。

Q&Aサイトからのリンク

あるECサイトでは、お客様にとってのお役立ちコンテンツをコツコツ作っていました。「こういうときはどうするの？」といったお客様の素朴な疑問にこたえるコンテンツや、お客様が間違えそうなことをピックアップして詳しい説明を書いたページなどです。その道のプロフェッショナルとして、他では読めないような充実したコンテンツです。

良質でわかりやすいコンテンツは、「Yahoo!知恵袋」などの**Q&Aサイトでの質問の回答として「ここに詳しく書いてありますよ」とリンクが張られる**ほどです。「Yahoo!知恵袋」だけではなく、あちこちのWebサイトからのリンクを獲得する良質なコンテンツは、国会図書館のWebサイトからのリンクも獲得しています。

図5-4-1　Q&Aサイトからのリンク

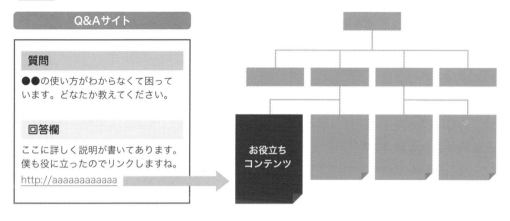

旬なテーマがニュースでピックアップされる

　教育や子育てなどを扱う某企業のWebサイトでは、教育ニュース、子育てに関するコラム、有名人／著名人のインタビューなど交えたコンテンツ作りをしています。更新頻度も高く、オリジナルコンテンツばかりで子育て中の保護者の関心も高いコンテンツです。

　旬なテーマで書かれたコンテンツは、ある日「Yahoo!ニュース」に取り上げられました。日本で最大級のポータルサイトである**「Yahoo!ニュース」からのリンク**を得たことも効果的ですが、それ以上に**同サイトからの集客力**が大きかったと嬉しい悲鳴を上げていました。

図5-4-2　有名なポータルサイトからのリンク

取材先の企業からのリンク

ある企業では、新しい技術に関する情報サイトを立ち上げました。掲載するコンテンツには、企業へのインタビュー記事もあります。インタビュー先から「○○で取材されました」というリンクを張ってもらうことによって、リンクを増やしています。

取材記事は、他のサイトでは読めないオリジナルコンテンツです。**具体的な内容を盛り込み、臨場感のある記事が作れる**ので、「お客様にとって役立つコンテンツ」を作ろうと思ったら、積極的に取材記事を作ってください。

図5-4-3 取材先からのリンク

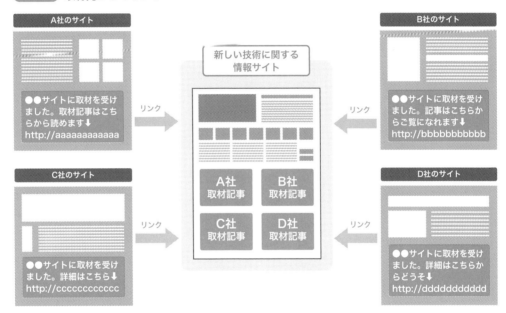

受講生が増えるたびにリンクが増える仕組みづくり

ある通信講座のWebサイトでは、受講生に対して「卒業バナー」を発行していました。受講生は自社サイトに「○○講座を卒業しました」とバナーを張り、通信講座のWebサイトへのリンクも張ってくれます。受講生が増えるたびに、**リンクが増えるという仕組み**を作った事例です。

簡単な仕組みに思えますが、通信講座の内容が良質だからこそ、受講生は自社サイトにバナーを飾りリンクを張ってくれるのです。バナーを張るという行為も、受講生にとっては「ひと手間」です。「受講してよかった」「役に立つ講座だった」という満足感があるからこその行為なのです。

図5-4-4 アイデアの効いたバナーの配布

Search Consoleで被リンクをチェック

Search Consoleを使うと、自社サイトに対してどんなリンクが張られているかを確認することができます。詳細はLesson 7-2 Webサイト運営の必需品「Google Search Console」 ➡ P.230で解説していますので、参考にしてください。

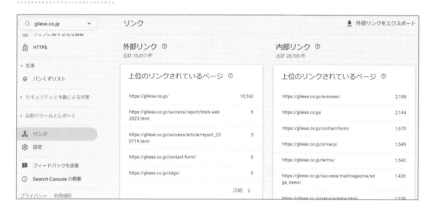

Lesson 5-5　SEO に効くリンクの記述方法は？

アンカーテキストを正しく設置しよう

リンクを設定するタグを「アンカータグ」と呼びます。HTMLタグをすべて覚える必要はありませんが、SEOに関係のあるタグは知識として覚えておくようにしましょう。リンクを定義するアンカータグについては、アンカーテキストの書き方をマスターしましょう。

リンクをクリックする場所に「詳しくはこちら」ってよく見かけますけど、なんとなく不親切ですよね？

そう感じますか？　人にとって不親切ということは、Google のロボットに対しても不親切ということ。

リンクの書き方にも、良い書き方、悪い書き方があるのですか？

リンク設定を定義するアンカータグとアンカーテキスト

ユーザーに対してスムーズな導線を作るために、内部リンクを設定しましょう。

リンクの設定は、**アンカータグ**で設置します。アンカータグは**<a>タグ**とも呼ばれ、次のように記述します。

```
<a href="URL">アンカーテキスト</a>
```

「URL」のところにリンクしたいページのURLを記入します。

「**アンカーテキスト**」のところにリンク（クリック）する部分のテキストを入れます。

例えば、グリーゼの公式ページへのリンクは、次の記述になります。

```
<a href="http://gliese.co.jp/">グリーゼ公式サイト</a>
```

「グリーゼ公式ページ」の文字列全体がクリック可能になります。クリック可能な文字列には下線が引かれる設定が一般的です。

SEOに効くアンカーテキストの書き方

次の例文ⒶⒷⒸをご覧ください。3つとも、FUKUDA商店へのリンクを張っています。下線の部分がクリックできる場所となり、クリックするとFUKUDA商店のWebサイトが表示されます。

いずれも同じリンク先への設定ですが、SEOに効果的な書き方はどれだと思いますか？

Ⓐ 購入はこちら→　http://fukudashop.com

Ⓑ 購入はこちら！

Ⓒ 購入は、コーヒー豆専門店FUKUDA商店へ

アンカータグ、アンカーテキストの記述は以下のようになっています。

Ⓐ 購入はこちら→<a href="http://fukudashop.com"> http://fukudashop.com </a>

Ⓑ 購入は<a href="http://fukudashop.com">こちら！</a>

Ⓒ 購入は、<a href="http://fukudashop.com">コーヒー豆専門店FUKUDA商店へ</a>

SEOに効果的な書き方は、Ⓒになります。Ⓒの書き方は、**クリックした先にどんなページがあるのかが想像できる書き方**になっているので、ユーザーは安心してクリックできます。アンカーテキストを記述するときは、ユーザーに対してわかりやすい表現を使いましょう。

ユーザーに対してわかりやすい書き方は、同時にGoogleのロボット（クローラー）に対してもわかりやすい書き方になります。

SEO的に正しいアンカーテキストの書き方

SEOに効くアンカーテキストの書き方は以下のとおりです。

- リンク先の内容がわかるようなテキストを書く
- テキストのなかにキーワードを盛り込む

アンカーテキストのなかにキーワードを含めることによって、クローラビリティの向上にもつながります。

COLUMN　○ ○ ○ ○ ○ ○ ○ ○ ○ ○

SEOに効くバナーの張り方

リンク設定の際にバナーを作ることも多いです。バナーはテキストよりも目立つというメリットがある反面、デザインによってはクリックできるバナーなのか単なる画像なのかがわかりにくい場合もあります。バナーの下にテキストリンクを入れて、クリック率を上げましょう。キーワードを含んだテキストリンクが増えるメリットもあります。

図5-5-A　画像の下にテキストも記述

コーヒー豆専門店FUKUDA商店へ

また、バナーには「altタグ（alt属性）」を設定しましょう。
記述方法は、以下のとおりです。

【使用例】
<img src="banner-fukuda-shop.jpg" alt="コーヒー豆専門店FUKUDA商店のバナー">

「altタグ（alt属性）」とは画像の内容を説明するためのタグで、「代替テキスト」とも呼ばれます。

「altタグ（alt属性）」を設定しておくことによって、検索エンジンのロボットに対して、そのバナーがどんな画像なのかをテキストで伝えることができるのです。また、何らかのトラブルで画像が表示されなかった場合でも、代替テキストが表示されるので親切です。

Lesson 5-6

SNSは、SEOに効果があるのか？

FacebookやX（旧Twitter）からのリンクは効果あり？

Facebook、X、Instagram、LINEなど、SNSの利用者が急増しています。自社のコンテンツを紹介するために、SNSを利用するケースも多いでしょう。SNSのリンクは、SEO的な効果があるのでしょうか？

私はFacebookを毎日のようにやっています。日々の出来事を書いていますが、ときどき自分のWebサイトへのリンクを張ります。

それって、SEOの効果があるのかな？

確かに、Facebookからのリンクも被リンクには違いないのですが……

直接的なSEO効果はない

　FacebookやXからのリンクは、自分のWebサイトからみると、確かに被リンクの扱いになります。ただ、リンクをよく見ると「**nofollowタグ**」が付いているのです。

「nofollow」は、「このページのリンクをたどらないでください」ということをGoogleに伝えるために使います。

　つまり、FacebookやXからのリンクは、どんなに良質で自然なリンクであったとしても「**リンク」としてのSEO的な効果がありません。**

　では、FacebookやXからのリンクは無意味なのでしょうか？

SNSの拡散力に期待

　FacebookやXは、その拡散力に期待しましょう。良いコンテンツは「いいね！」「シェア」「コメント」「リポスト」などによって、次々に拡散していきます。興味のある人がクリックして、Webサイトに訪問すれば、Webサイトのページビューが増えることになります。

Webサイトのページビューは、SEO の指標のひとつになっています。SNS を活用して、Web サイトへの集客を増やすことを目指しましょう。

図5-6-1 SNSからのリンク

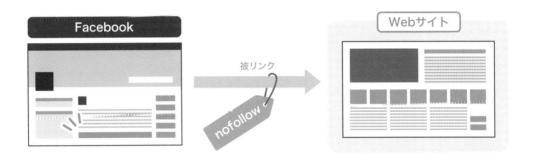

図5-6-2 ページビューが増える仕組み

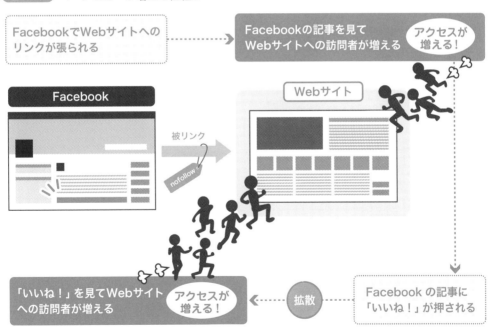

Facebookからの効果的なリンクの張り方 （OGPの設定方法）

Facebookから特定のページにリンクを張ったときに、意図しない画像が表示されてしまった経験はありませんか？　これは、リンクされる側のWebサイトの設定に影響を受けます。

Webサイトを作る際は、Facebookで紹介されたときに表示する画像やコメント等をあらかじめセットしておきましょう。これを、**OGP**といいます。

OGPとは「Open Graph Protocol」の略で、SNSでシェアしたときに表示される情報のことを指します。通常は、Webサイト側のURLをFacebookに張ると、Webサイトの画像がそのままFacebookに入ります。それに対して、WebサイトにOGPのタグを設定しておけば、Webサイトにどんな画像が入っていようと、OGPで設定した画像がFacebookに入ります。

記述例	説明
meta property="**og:image**"	投稿欄に表示される画像を指定できます。 アイキャッチとして適切なものを設定しましょう。
meta property="**og:title**"	ページのタイトルを記載します。投稿欄がスマホで表示されることを考慮して、20文字以内のタイトルを付けておきましょう。
meta property="**og:type**"	ページのタイプを記載します。トップページには「website」、ブログには「blog」、下層ページには「article」を付けておきます。
meta property="**og:url**"	ページのURLを記載します。
meta property="**og:site_name**"	Webサイトの名称を記載します。
meta property="**og:description**"	サイトの説明文（ディスクリプション）を記載します。 90文字以内で書いておきましょう。

　例えば、Facebook に表示させたい画像が決まっている場合は、OGP の設定で、その画像を指定すればよいのです。

　以下は OGP の設定例と、Facebook に投稿した際の画面です。

図5-6-3 OGPの設定例

```
13 <meta property="og:locale" content="ja_JP">
14 <meta property="og:site_name" content="グリーゼ">
15 <meta property="og:url" content="https://gliese.co.jp/success/article/column_201430.html">
16 <meta property="og:type" content="article">
17 <meta property="og:title" content="企業の「サステナビリティページ」を作ろう！サステナビリティページに必要な5つのコンテンツとは？">
18 <meta property="og:description" content="企業の「サステナビリティページ」の作り方を説明しています。サステナビリティページに必要な5つのコンテンツとして、トップメッセージ、基本方針と重点課題（マテリアリティ）、具体的な取り組み、、レポート（数値データなど）・資料、活動記録（継続的な更新）について、事例を交えて説明しています。">
19 <meta property="og:image" content="https://gliese.co.jp/success/article/images/column_201430-01.jpg">
20 <meta name="twitter:card" content="summary">
21 <meta name="twitter:title" content="企業の「サステナビリティページ」を作ろう！サステナビリティページに必要な5つのコンテンツとは？">
22 <meta name="twitter:description" content="企業の「サステナビリティページ」の作り方を説明しています。サステナビリティページに必要な5つのコンテンツとして、トップメッセージ、基本方針と重点課題（マテリアリティ）、具体的な取り組み、、レポート（数値データなど）・資料、活動記録（継続的な更新）について、事例を交えて説明しています。">
23 <meta name="twitter:image" content="https://gliese.co.jp/success/article/images/column_201430-01.jpg">
```

図5-6-4 Facebookに投稿した際の画面

　OGP が設定されると、もとの Web サイトにどんな画像が入っていても、OGP の設定が優先されます。

OGPをうまく活用すると、**Webサイトでは SEO のためのキーワードを意識した**タイトルタグと ディスクリプションタグを入れておき、**Facebook側ではキャッチーなタイトルや拡散されやすい 説明文**を記述することが可能になります。

COLUMN　　○　○　○　○　○　○　○　○　○　○

Google検索での「ハッシュタグ検索」とは？

2024年6月19日、Googleは新機能として**「ハッシュタグ検索」**を開始しました。ハッシュタ グ検索を行うと、通常の検索結果とは異なり、SNS（ソーシャルメディア）、YouTube、ブログな どの最新の検索結果が表示されます。

例えば、Googleで「**#日本料理**」と検索すると、X（旧Twitter）、Instagram、YouTubeなどの 検索結果が、カードのような形式で表示されます。

Googleに限らず、今後ますます、ユーザーニーズに応じたさまざまな検索方法や検索ツールが 現れると思います。

図5-6-A ハッシュタグ検索

Chapter 6

業種別・目的別のSEO

SEOには「このやり方が正解」という黄金ルールはありません。商品、サービス、業種、業界、さらにはどんなお客様をターゲットにするのかによっても、SEOの進め方は異なると思います。

ここでは、いくつかの事例を取り上げながら、さまざまなSEO施策を紹介します。

「この事例は、自分だったらどう使えるかな？」と考えながらお読みください。

サイトの運営方針にもなる

百貨店型と専門店型サイト SEOに有利なのはどっち？

いろいろな商材を扱う百貨店のようなWebサイトと、ひとつの商材に特化した専門店のようなWebサイト。SEO的に有利なのは、どちらでしょうか？

> ハワイアンジュエリーを扱う専門店を作ろうと思いましたが、友人が扱うアジアン雑貨も一緒に扱うのは問題ないですか？　将来的には、百貨店のようにいろいろなものを扱ってみたいな〜

> Webサイトとしていろいろな商材を扱うことは問題ありませんが、百貨店のようなWebサイトはSEO的に難しくなります。

> いろいろな商材を扱ったほうが、数多くのキーワードでヒットするのでは？

専門店型Webサイトを作ろう

　百貨店型Webサイトとは、例えば、衣料品、食料品、家庭用品などさまざまなカテゴリーの商品を扱っているお店のことです。

　一方、専門店型Webサイトとは、メガネ専門店、アウトドアグッズ専門店、下着専門店のようなイメージです。

図6-1-1　百貨店と専門店

百貨店型Webサイトと専門店型WebサイトではどちらがSEOに有利か？　一概には答えられませんが、これからWebサイトを作る人には「専門店型Webサイト」をオススメします。

同じ100ページのWebサイトの場合、衣料品で30ページ、食料品で30ページ、家庭用品で40ページの百貨店型Webサイトよりも、メガネだけで100ページ作りこんでいるWebサイトのほうが**サイトの「テーマ」が明確**になるためSEO的に有利になります。

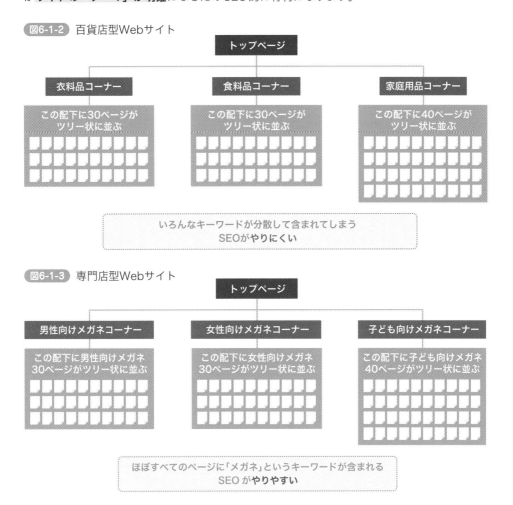

図6-1-2 百貨店型Webサイト

図6-1-3 専門店型Webサイト

百貨店型Webサイトの場合、**Webサイトのなかにいろいろなキーワードが分散**して含まれてしまうため特定のキーワードでのSEOが押し進めにくくなってしまうのです。

専門店型Webサイトの場合、**ほぼすべてのページに「メガネ」というキーワードが含まれる**ため、「**メガネ**」というキーワードでのSEOが進めやすくなります。

MEMO //

上の図の百貨店型Webサイトの場合は、カテゴリごとにSEOを実施する方法があります。
衣料品、食料品、家庭用品などのコーナーごとにキーワードを決めて、対策しましょう。

ニッチなキーワードを狙おう

　専門店型Webサイトを作ったからといって、Google検索順位の上位にランクインすることは簡単なことではありません。試しにGoogleで「**メガネ**」を検索してみてください。すでにメガネの有名店、大型店が上位を独占しているのがわかります。

図6-1-4 「メガネ」の検索結果

キーワードプランナー➡P.79で検索される回数を調べてみると、

▪「**メガネ　メンズ**」という2語検索：月間平均検索ボリュームは5,400回
▪「**メガネ**」と1語で検索　　　　　：月間平均検索ボリュームは368,000回

と差が出てしまいますが、「**メガネ**」での上位表示に固執して時間がかかってしまうよりは、「**メガネ　メンズ**」というキーワードで確実に1位を狙っていくのも戦略のひとつです。

　もちろん「**メガネ**」というキーワードでSEOを行い上位を目指すこともできますが、**ライバルの少ないキーワードに変更**することも検討しましょう。

例えば「**メガネ　メンズ**」と検索すると、ECサイトだけでなく、コラムのページなども上位表示されています。

図6-1-5 「メガネ　メンズ」の検索結果

zoff.co.jp
https://www.zoff.co.jp › shop › contents › men
MEN｜メガネのZoffオンラインストア
メンズ、**メガネ**男子に選りすぐりの**眼鏡**・サングラスをご紹介します。スリープライスで**メガネ**界に革命を起こしたZoff（ゾフ）では、機能性とデザ...

JINS
https://www.jins.com ›
メガネ通販のJINS【公式】-眼鏡・めがね
JINS（ジンズ）はオリジナルのアイウエアを豊富に取り揃えています。**メガネ**は紫外線99%以上カットする高品質な薄型非球面レンズがセット、どんな...

眼鏡市場
https://www.meganeichiba.jp › feature › article106
メガネ男子の魅力を徹底解説！おすすめ ... - 眼鏡市場
2023/11/30 — **メガネ**男子とは**メガネ**姿が魅力的な男性のこと。本記事では、**メガネ**男子が人気の理由や、なりたい印象別のおすすめ**メガネ**を紹介します...

価格.comマガジン
https://kakakumag.com › ... › 眼鏡（めがね）
「自分に似合うおしゃれなメガネ」の選び方と買いの15本
男性におすすめ！おしゃれで人気の**メガネ**15選・アイテム1：オリバーピープルズ「シェルドレイク」・アイテム2：レイバン「クラブマスター」・ア...

MEN'S NON-NO WEB
https://www.mensnonno.jp › ... › 最新ファッション
僕たちに似合うおしゃれメガネ。顔タイプ別のフレーム ...
2023/08/06 — 自分に似合うフレームを知っているだけで、**メガネ**選びがもっと楽しくなる！失敗しない選び方から、顔タイプ別のおすすめフレーム、...

他にも、以下のようなキーワードでライバルを調査して、ニッチなキーワード、ライバルの少ないキーワードを狙っていきましょう。「子ども用メガネ」「老眼鏡専門店」「サングラス専門店」など、専門店型Webサイトは作れないか、と考えることが大切です。

- 「メガネ　フレーム」　：月間平均検索ボリュームは22,200回
- 「メガネ　ブランド」　：月間平均検索ボリュームは14,800回
- 「メガネ　おしゃれ」　：月間平均検索ボリュームは27,100回
- 「メガネ　レディース」：月間平均検索ボリュームは1,300回
- 「メガネ　スポーツ」　：月間平均検索ボリュームは1,600回

図6-1-6 ニッチ狙いの専門店サイト

メガネフレーム専門店　おしゃれなメガネ専門店　ブランドのメガネ専門店　レディース用メガネ専門店

事例：ニッチな市場、ニッチなキーワードで手ごたえ

結婚式の招待状、席次表、結婚報告はがきなどのペーパーアイテムを扱う「ココサブ」は、ニッチな市場を狙ったWebサイトです。

図6-1-7 結婚式招待状・席次表・ウェディングのペーパーアイテム「ココサブ」

https://www.cocosab.com/

結婚式といえば、ウェディングドレス、ウェディングケーキ、式場、写真、引き出物など主役級の商材、サービスがたくさんあります。そのなかで「ココサブ」はペーパーアイテムという脇役の商品に特化し、絞り込んだ商品だけを扱っています。

ページのソースを見ても、結婚式、招待状、席次表、手作り、ウェディング、ペーパーアイテムなどのキーワードを対策していることがわかります。

図6-1-8 「ココサブ」のページソース

```
17  <title>結婚式招待状・席次表の通販 | 手作りも印刷もおしゃれで安いココサブ</title>
18
19  <meta name="description" content="結婚式招待状はココサブがおしゃれで可愛いと花嫁さんに人気。
    格安で手作りできると即決される事が多い結婚式招待状・席次表の専門店。リゾートやガーデンウェラ
    ィングなど、ふたりの世界観にぴったりなペーパーアイテムを50種類以上取り揃え、お揃いのプチギ
    トや無料の手作りアイテムでトータルコーディネートもできちゃう。中紙や招待状の返信はがきのデザ
    インも表紙とお揃いです。こだわりのデザインでペーパーアイテムを手作りできます。一目惚れするサ
    ンプルが多いアイテムが満載！まずは無料サンプルを請求してね。" />
20  <meta name="keywords" content="結婚式,招待状,席次表,手作り" />
21  <!--トップページ-->
22  <link rel="canonical" href="https://www.cocosab.com/" />
23  <meta name="author" content="手作り ウェディング ペーパーアイテム ココサブ" />
```

ひとつひとつの単価は高くないかもしれませんが、招待状や席次表などすべてのペーパーアイテムは、結婚式や披露宴の参加者の人数分が必要になるアイテムです。また、ひとつのアイテムだけが必要というよりも、結婚式、披露宴を行うためには扱っている商品がすべて必要になることも多いでしょう。

ニッチなキーワードで上位表示して、1アイテムだけでもサンプル取り寄せや購入につながれば、その先の売り上げが大きく膨らむ可能性を秘めた商品なのです。

狙ったキーワードで確実に上位表示を実現できている好事例です。

Lesson 6-2

ユーザーの悩みを解決して満足させる

お悩みキーワードでコラムを作ろう（化粧品／健康食品）

お客様は困りごとがあったとき、悩みを解決したいときに検索をするものです。特に「人に打ち明けられない悩み」などは、インターネットで数多く検索されるキーワードになります。Webサイトには、お悩み解決コンテンツを用意しておきましょう。

いや〜、SEOとは関係ないのですが、先日彼女に「頭がクサイ」と言われショックを受けています。誰にも相談できず、インターネットで検索して、良さそうなシャンプーを買ったばかりです。

人に言えないことって、インターネット向きですよね。

確かに…人に言えないことばかり検索しています（汗）

お悩みキーワードに注目しよう

化粧品や健康食品を販売するWebサイトの場合、お悩みキーワードに注目しましょう。

例えば、ダメージヘア用のシャンプーやトリートメントを販売しているECサイトの場合、お客様はどんなキーワードで検索するでしょうか？　「シャンプー」や「トリートメント」というキーワードも大事ですが、「白髪」「薄毛」「髪　乾燥」「頭皮　ニキビ」「頭皮　かゆみ」など、お悩みキーワードで検索する人も、シャンプーやトリートメントを購入する可能性は高いでしょう（図6-2-1）。

お客様の気持ちになって「どんなキーワードで検索するだろう？」と考えて、お悩みキーワードを洗い出しましょう。

お悩み解決コンテンツを作る課題

少し古い話ですが、2016年、大手IT企業が運営するWebサイト（医療系を含むキュレーションサイト等）が、休止に追い込まれました。

図6-2-1 悩みをもつ人のほうが商品を購入しやすい

　原因は、Webサイトで掲載している記事の「不正確さ」や「著作権を無視した転用」等です。

　専門性のないライターが、SEO目的で記事の大量生産を行っていたことが指摘されました。この大手IT企業がライターに配布していたマニュアルには、他社のWebサイトの原稿を真似して（参考にして）書くことも推奨されていたのです。

　この事件は、SEO業界だけでなく、社会的にも大きなニュースとなりました。

　化粧品や健康食品等を扱い、お悩み解決コンテンツを作る際は、内容の信ぴょう性が問われます。専門性の高い記事を書く際は、**その道の専門家に相談**しましょう。

MEMO

著作権があるのは文章だけではありません。写真、画像、曲、プログラムなどさまざまなものに著作権がありますので注意しましょう。

専門家コンテンツの制作方法

　専門家コンテンツを制作する方法としては、次の2つがあります。

- **専門家に執筆を依頼する**
- **専門家にインタビューして、原稿を書く**

　専門家に執筆を依頼する場合、専門家にWebサイトの対象者やWebサイトの目的等を伝え、対象読者が理解できるように執筆してもらう必要があります。専門家の方は、本業の仕事を持っていることが多いので、スケジュール管理も大事です。SEOに効果的な書き方を知っている専門家は少ないので、執筆後の原稿に手を入れることについて、事前に許可を取っておく必要もあります。

　専門家にインタビューする場合、インタビューをするための日程調整が必要です。インタビュアーの力量によって、仕上がる原稿が変わってきます。事前に何を聞くかを決め、仕上がりの原稿のイメージを描きながらインタビューするなどの工夫も必要になります。

　専門家への謝礼も検討しましょう。

Lesson 6-3

ローカルSEOで実店舗に来てもらおう

地域名検索で上位表示を狙うには？（実店舗）

「ランチ」「ラーメン」「皮膚科」などを検索したときに、検索結果に、自分がいるエリアの情報だけがずらりと表示されて、びっくりしたという経験はありませんか？　「渋谷　ランチ」などと地域名を入力しなくても居場所がわかる仕組みは、どうなっているのでしょうか？

ハワイアンジュエリーの実店舗を出す場合は、代官山あたりを考えています。

実店舗に来てもらうためには、「代官山　ハワイアンジュエリー」とか「代官山　ジュエリーショップ」などで上位表示しておきたいですね。

Googleの地域名検索って、どうなっているんですか？

Googleはユーザーの位置情報を見ている

　Google はユーザーが**地域性の高いキーワード**を入力した場合、ユーザーの現在地に応じて検索結果を表示します。これはGoogleのアルゴリズムのひとつで、「ベニスアップデート」と言います。
　例えば、国立駅付近にいて「ランチ」と検索すると、検索結果には「東京都国立市付近でランチができるお店」の情報が多く表示されます（**図6-3-1、6-3-2**）。

　地域性の高いキーワードとは、ランチ、カフェ、ラーメンなどの飲食店に関するキーワードをはじめ、ペットショップなどの店舗、動物園や遊園地などのパーク系、映画館、病院なども含まれます。
　Googleは「ランチ」と検索した**ユーザーの心理を読み解き**、「ランチと検索しているということは、近くでランチが食べたいのではないか？」というふうに想像して、現在地付近の検索結果に絞って表示しているのです。

スマートフォンの普及により、位置情報をもとにした検索が急増しています。外出中のスマホユーザーが現地にいながらにして「カフェ」「レストラン」「コンビニ」「映画館」などと検索する機会はますます増えていきます。

旅行者などを実店舗に呼び込みたい場合も、このトレンドを見逃さないようにしましょう。

図6-3-1 地域にマッチした検索結果①

図6-3-2 地域にマッチした検索結果②

ローカルSEOを強化しよう

SEOのなかでも、特に地域性を重視した対策を行っていくことを「**ローカルSEO**」といいます。

自社のWebサイトに住所、電話番号、サービス内容などを正しく記述しておくことは、ローカルSEOの第1歩です。

ローカルSEOで上位表示するためには、次の3つの要素が必要です。

関連性

ユーザーが検索するキーワードとの関連性が大事です。Webサイトには、サービスに関する詳しい情報を記載しておきましょう。

距離

検索しているユーザーの位置情報に基づいて距離が計算されます。

視認性の高さ

オフラインでの知名度、ウェブ上の情報やクチコミなども影響します。

詳しくは、Googleビジネスプロフィールヘルプを参照してください（**図6-3-3**）。

図6-3-3 Googleビジネスプロフィールヘルプ

ローカル検索結果のランキングが決定される仕組み

ローカル検索結果では、主に関連性、距離、知名度などの要素を組み合わせて最適な検索結果が表示されます。たとえば、遠い場所にあるビジネスでも、Google のアルゴリズムに基づいて、近くのビジネスより検索内容に合致していると判断された場合は、上位に表示される場合があります。

関連性

関連性とは、検索語句とローカル ビジネス プロフィールが合致する度合いを指します。充実したビジネス情報を掲載すると、ビジネスについてのより的確な情報が提供されるため、プロフィールと検索語句との関連性を高めることができます。

距離

距離とは、検索語句で指定された場所から検索結果のビジネス所在地までの距離を指します。検索語句で場所が指定されていない場合は、検索しているユーザーの現在地情報に基づいて距離が計算されます。

視認性の高さ

視認性の高さとは、ビジネスがどれだけ広く知られているかを指します。ビジネスによっては、オフラインでの知名度の方が高いことがありますが、ローカル検索結果のランキングにはこうした情報が加味されます。たとえば、有名な博物館、ランドマークとなるホテル、有名なブランド名を持つお店などは、ローカル検索結果で上位に表示されやすくなります。

ビジネスについてのウェブ上の情報（リンク、記事、店舗一覧など）も視認性の高さに影響します。Google でのクチコミ数とスコアも、ローカル検索結果のランキングに影響します。クチコミ数が多く評価の高いビジネスは、ランキングが高くなります。ウェブ検索結果での掲載順位も考慮に入れられるため、検索エンジン最適化（SEO）の手法も適用できます。

ヒント: Google では、ランキングを上げるためのリクエストや金銭の受け取りには一切応じておりません。検索アルゴリズムの詳細は、すべてのユーザーにとって可能な限り公平なランキング システムを構築するために機密情報となっています。

https://support.google.com/business/answer/7091?hl

Googleビジネスプロフィールへの登録

ローカル SEO を行うためには、Google ビジネスプロフィールへの登録が不可欠です。

Google ビジネスプロフィールは、Google が提供する無料のサービスです。Google ビジネスプロフィールを活用することによって、Google 検索や Google マップなどの Google サービスに対して、自分のビジネス情報を無料で掲載することができます。

また、ローカルパックやナレッジパネルなどの目立つ位置に掲載される可能性も高まります。

図6-3-4 Googleビジネスプロフィール

Google の無料の
ビジネス
プロフィールを
使ってアピール

ビジネス プロフィールを無料で作成することで、Google 検索およびマップで検索したユーザーを新規顧客に変えましょう。写真、特典、投稿などでプロフィールをパーソナライズすることが可能です。

今すぐ管理

https://www.google.com/intl/ja_jp/business/

ローカルパックとナレッジパネル

Googleの検索結果で特に目立つ表示といえば、**ローカルパック**と**ナレッジパネル**です。

ローカルパックは、画面上部に表示される枠のことです。地図情報といっしょに表示されます（**図6-3-5**）。ローカルパックに表示されるか否かは、Googleビジネスプロフィールに登録された情報をベースに、Googleのアルゴリズムによって決定されます。ローカルパックに掲載されるためには**「関連性」「距離」「視認性の高さ」の3つの要素**が影響します。

ナレッジパネルとは、Googleの検索結果の右側に表示されるボックス状のビジネス情報のことです（**図6-3-6**）。

図6-3-5 ローカルパック

図6-3-6 ナレッジパネル

どちらも、Googleビジネスプロフィールに登録すれば必ず表示されるというものではありませんが、Googleビジネスプロフィールに登録することによって、表示される可能性が高まります。

Googleビジネスプロフィールのガイドラインにしたがって、登録情報を詳しく書いておきましょう。

Googleビジネスプロフィールへの登録方法

Googleビジネスプロフィールに登録する方法は、以下の通りです。

❶**Googleビジネスプロフィールのページで「管理を開始」または「今すぐ管理」をクリックします。**
❷**Googleアカウントでログインします。**

図6-3-7　Googleビジネスプロフィールへログイン

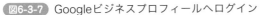

https://www.google.com/intl/ja_jp/
business/

❸**ビジネス名、ビジネスの種類、ビジネス拠点など、順番に登録していきます。**

図6-3-8　ビジネス名を登録する

❹設定完了後は、管理画面での編集が可能です。常に、最新情報に更新しておきましょう。

図6-3-9 Googleビジネスプロフィールの管理画面

4. 登録が完了しました

ビジネスカテゴリによって、使える機能が異なります。「Googleビジネスプロフィール」のヘルプページなどを活用して、効果的に利用してください。

図6-3-10 Googleビジネスプロフィールヘルプ

COLUMN ○ ○ ○ ○ ○ ○ ○ ○ ○ ○

マップエンジン最適化（MEO）

マップエンジン最適化（MEO）とは、「Map Engine Optimization」の略称です。Google検索やGoogleマップでの検索結果で、上位表示されるように対策することを指します。Googleビジネスプロフィールへの登録は、マップエンジン最適化（MEO）の取り組みとしても効果的です。

図6-3-A Google検索での検索結果

図6-3-B Googleマップでの検索結果

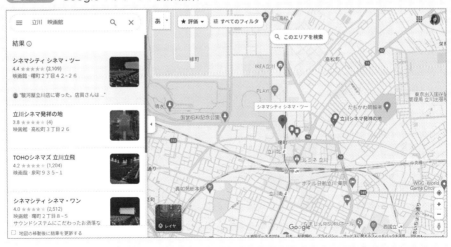

Lesson 6-4

BtoCに適したコンテンツを知る

お客様の声／体験談は SEOに効果的？（BtoC商材）

お客様の声は、購入を迷っている人の背中を押すコンテンツとして効果的です。お客様の声がたくさん掲載されているWebサイトは、にぎやかさや行列感を出すこともできますし、初めてのお客様にとっての安心感、信頼感にもつながります。そんなお客様の声ですが、SEO的な効果はあるのでしょうか？

ハワイアンジュエリーのお客様から、感想やお礼状などをいただきます。うれしいですね。

素晴らしいですね。商品がよかっただけでなく、お店の対応が親切だったなどの感想もいただけていますね！

ところでお客様の声って、SEO効果があるのでしょうか？

お客様の声／体験談は、オリジナルコンテンツの代表

Googleは、良質なオリジナルコンテンツを評価します。お客様の声や体験談は、そのお客様がその商品についてその瞬間に感じた「感想」であり「体験」です。同じコンテンツがほかに存在することのない、**完全なオリジナルコンテンツ**と言えるでしょう。

お客様の声には「○○○がおいしかった」「○○○の使い方を知りたくて問い合わせしたら、○○店の店長さんが丁寧に対応してくれた」など、商品名、サービス名、店名などのキーワードが入っていることも多いものです。

体験談や体験記は長文のドラマチックな物語になることが多く、読み応えのある良質コンテンツとしてWebサイトの財産になります。

【例】
- 「お受験体験記」
- 「はじめての一戸建て！物件探しから入居までの体験談」
- 「フリーターから看護師へ！日々の学習体験レポート」

Webサイトにお客様の声や体験談を掲載することによって、「コンテンツも増え、さらにキーワードも増える」という好循環が生まれます。

積極的にお客様の声／体験談を掲載していきましょう。

事例：お客様の声は「画像とテキスト」両方を掲載する

お客様の声は、はがき、手紙、FAXなどで受け取る機会もあります。手書きのメッセージをスキャナで取り込み、手書きのままWebサイトに掲載している場合もあります。手書きのほうが真実味があり、人の体温が伝わってくるような温かみのあるコンテンツとしてのメリットもあります。

ただし、Googleのロボットは画像よりもテキストを読むほうが得意です。ひと手間かけて、テキスト入力をしておくという方法もあります。

「宮崎地鶏と燻製専門店スモーク・エース」では、スキャンした画像のすぐ下にテキスト入力したメッセージも掲載しています。メールでいただいたお客様からの感想も、ひとつひとつWebサイトにアップしている力の入れようです。お客様にいただいたメッセージをすべて手入力することは容易なことではありませんが、Webサイトのテキスト情報（キーワードも）が増えることで、SEOに効果が出やすくなります。

MEMO

お客様の声を扱うときは、お客様の個人情報にご注意ください。お客様の氏名をイニシャル表記にするか、お客様に掲載の許可を取るなどの配慮も必要です。

図6-4-1 宮崎地鶏と燻製専門店スモーク・エース

https://www.smokeace.jp/

図6-4-2 スモーク・エースに掲載されたお客様の声

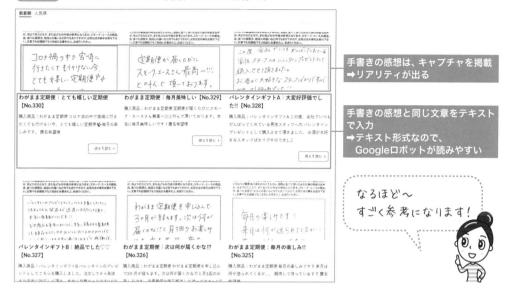

新着順 人気順
わがまま定期便｜とても嬉しい定期便【No.330】
わがまま定期便｜毎月美味しい【No.329】
バレンタインギフトA｜大変好評価でした!!【No.328】
手書きの感想は、キャプチャを掲載
➡リアリティが出る
手書きの感想と同じ文章をテキストで入力
➡テキスト形式なので、Googleロボットが読みやすい
なるほど～
すごく参考になります！
バレンタインギフトB｜絶品でした♡♡【No.327】
わがまま定期便｜次は何が届くかな!?【No.326】
わがまま定期便｜毎月の楽しみ!!【No.325】

お客様の声の掲載の際に、小見出しを入れるひと工夫

お客様の声を掲載する際にひと工夫することによって、SEO効果を高めることができます。

お客様の声には、SEOキーワードが入っているケースもあれば、まったく入っていないケースもあります。お客様の声そのものを修正することはできませんので、お客様の声に小見出しを入れるというひと工夫をしてみましょう。

図6-4-3 小見出しを入れる

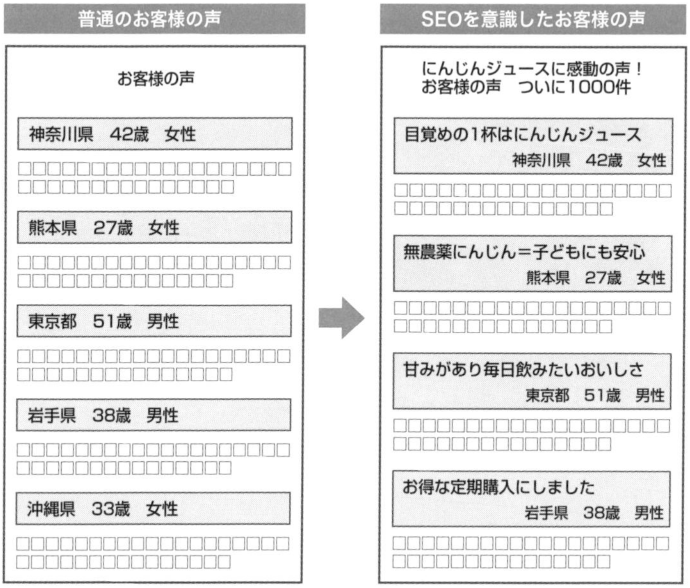

普通のお客様の声
お客様の声
神奈川県　42歳　女性
熊本県　27歳　女性
東京都　51歳　男性
岩手県　38歳　男性
沖縄県　33歳　女性
SEOを意識したお客様の声
にんじんジュースに感動の声！
お客様の声　ついに1000件
目覚めの1杯はにんじんジュース
神奈川県　42歳　女性
無農薬にんじん＝子どもにも安心
熊本県　27歳　女性
甘みがあり毎日飲みたいおいしさ
東京都　51歳　男性
お得な定期購入にしました
岩手県　38歳　男性

図**6-4-3**の左側は、送っていただいたお客様の声を並べただけになります。右側はお客様の声に小見出しを入れています。小見出しに「にんじんジュース」という**キーワードを入れることによって、SEO効果を高めようという狙い**があります。お客様の声そのものを変えることなく、キーワードを増やすことができます。

小見出しを付ける際は、お客様の声の本文の内容に合ったタイトルを考えることが大切です。

COLUMN

小見出しを付けて、読みやすいWebサイトを作ろう

小見出しを入れるのは、小見出しの中にSEOキーワードを増やすためだけではありません。もともと小見出しは、文章を読みやすくするために使われるものです。

見出しのない文章は、単調でリズムがなく、読みにくい構造になってしまっています。読者は文章の途中で飽きて、離脱してしまうかもしれません。

小見出しを付けることによって、文章全体にメリハリが生まれます。読者は小見出しを見て、全体の内容を把握することもできます。小見出しを入れた文章のほうが、最後まで読んでもらえる可能性が高くなるというわけです。

文章を書く際は、ブロックごとに小見出しを付けるようにしましょう。

図6-4-A 小見出しのない文章

■ **2タイプのリードジェネレーション**

「リードジェネレーション」は、「リード（見込み客）を作り出す」という意味です。きょうはリード（見込み客）を作り出す方法を、オフラインとオンラインに分けて考えていきます。

最初にオフラインでの「リードジェネレーション」を説明します。「見込み客」と出会える場面を想像してみてください。または「見込み客」と出会うために行っている取り組みを考えてみましょう。「名刺交換ができる場所」と考えてもOKです。
たとえば、イベントへの出展や、展示会等の開催があります。イベントブースの受付で名刺をいただくことはもちろん、会場での名刺交換も可能です。自社でショールームを持っている企業であれば、日々お越しいただくお客様の名刺も「リード」となっていきます。

〜途中省略〜

次はオンラインでの「リードジェネレーション」です。オンラインでの「リードジェネレーション」では、フォームを用意しておくことによって、お客様に、自らご自身の個人情報を入力もらえるというメリットがあります。
お客様がフォームから入力してくれた直後から「ナーチャリング」を行っていくことができるのです。

Webサイト上では、できるだけ多くの「フォーム」を用意しておきましょう。
例えば、以下のような場所には「フォーム」の設置が可能です。

〜後半省略〜

図6-4-B 小見出しのある文章

■ **2タイプのリードジェネレーション**

「リードジェネレーション」は、「リード（見込み客）を作り出す」という意味です。きょうはリード（見込み客）を作り出す方法を、オフラインとオンラインに分けて考えていきます。

オフラインでの「リードジェネレーション」

最初にオフラインでの「リードジェネレーション」を説明します。「見込み客」と出会える場面を想像してみてください。または「見込み客」と出会うために行っている取り組みを考えてみましょう。「名刺交換ができる場所」と考えてもOKです。
たとえば、イベントへの出展や、展示会等の開催があります。イベントブースの受付で名刺をいただくことはもちろん、会場での名刺交換も可能です。自社でショールームを持っている企業であれば、日々お越しいただくお客様の名刺も「リード」となっていきます。

〜途中省略〜

オンラインでの「リードジェネレーション」

次はオンラインでの「リードジェネレーション」です。オンラインでの「リードジェネレーション」では、フォームを用意しておくことによって、お客様に、自らご自身の個人情報を入力もらえるというメリットがあります。
お客様がフォームから入力してくれた直後から「ナーチャリング」を行っていくことができるのです。

Webサイト上では、できるだけ多くの「フォーム」を用意しておきましょう。
例えば、以下のような場所には「フォーム」の設置が可能です。

〜後半省略〜

Lesson 6-5

ユーザー主体のコンテンツとしてSEO効果大

FAQページの作り方（ノウハウ系）

インターネットで検索するのは、困ったとき、調べ物をしたいときが多いのではないでしょうか？ すぐに解決策にたどり着けないとイライラしますが、解決策のページがわかりやすくて期待以上の内容であればどうでしょう？ FAQは、お客様に感動を与えるコンテンツになる可能性を秘めています。

趣味で新しいデジカメを買ったのですが、わからないことがあって製品サイトのFAQを調べたんですよ。検索できるので便利ですね。

製品サイトのFAQが充実していると、助かりますよね。

いろいろ勉強になることが多くて、趣味仲間の友人にもシェアして教えてあげました。

FAQがきっかけで、そのお友だちも同じカメラを買ったりして（笑）

FAQは役立つコンテンツの決定版

　Webサイトのコンテンツを充実させるために、FAQを作りましょう。FAQとは、Frequently Asked Questionsの略で、日本語の「よくある質問」と同じです。

　FAQ（よくある質問）は、お客様のお悩みやお困りごとを解決するコンテンツとして有益です。「操作説明等を詳しく書いたから、FAQは不要」という考え方はNGです。お客様は操作説明を読まずに操作し、困ったときになってはじめて調べだすものです。**FAQは、調べたいところをダイレクトに見つけ出せるコンテンツとして便利**です。

FAQコンテンツにキーワードを含める方法

自社のWebサイトのなかに作るFAQは、当然、自社の商材やサービスに関することに限定されます。Webサイトのテーマから逸脱することなくコンテンツを増やしていけるので、SEOに適したコンテンツであると言えます。FAQコンテンツには、キーワードも多く含まれます。

FAQコンテンツを作るときは、質問の文章にキーワードを書き込むようにしましょう。

キーワードを入れないと、「Q」は以下のようになってしまいます。

悪い例

Q：使い方は？

Q：対象ユーザーは？

Q：故障の対処法は？

上記の場合、何の使い方なのかわかりません。「自社の製品のことに決まっている」と考えるのは不親切です。初めてのお客様でも混乱しないように、以下のような「Q」の書き方を心がけてください。

良い例

Q：●●●の使い方は？

Q：●●●の対象ユーザーは？

Q：●●●の故障の対処法は？

※「●●●」に製品名やサービス名が入ります。

キーワードを入れた「Q」が書ければ、「A」にもキーワードが入りやすくなります。

Q&Aの例

Q：●●●の使い方は？

↓

A：●●●の使い方は、次の図のようになります。電源を入れAスイッチを押すと、画面が表示されます。

このように「お客様が混乱しないように」「お客様にとってわかりやすいように」と考えてコンテンツを作っていくことによって、キーワードや具体的な説明文が書けるようになり、結果としてSEOに効果的なコンテンツと仕上がっていくのです。

FAQを作るメリット

　わかりやすいFAQは、「Yahoo!知恵袋」や「教えて!goo」などのQ&Aサイトからリンクを張られる可能性も高くなります。

　Q&Aサイトで「●●について教えて」という質問が出た際に、「ここに詳しく書いてあるよ」と自社サイトにリンクを張ってもらえるという意味です。

図6-5-1 Q&Aサイトからリンクされる

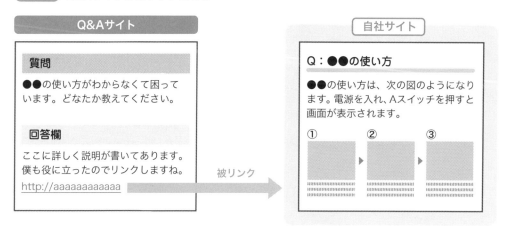

　こうして**自然に張られた被リンクをナチュラルリンクと言い、SEOにとっては非常に価値の高いリンク**となります。コンテンツの充実と被リンクの獲得の両方を目指して、FAQを作っていきましょう。

> **MEMO** //
> FAQを充実させておくと、お客様からのお問い合わせを減らすこともできます。お問い合わせしようと思ったお客様が、FAQを読んで自己解決できるようになるからです。

FAQサイトの質問を参考にする

　自社サイトにFAQコーナーを作る際、人気FAQサイトにどんな質問が出ているかを参考にしましょう。

　例えば「教えて!goo」「Yahoo!知恵袋」「OKWAVE」などのWebサイトで検索窓にキーワードを入れてみましょう。すでにやり取りされた質問と回答を確認できます。自社サイトでFAQを作る際は、自分なりの回答を考えオリジナルコンテンツとしてアップすることが大事です。

図6-5-2 教えて!goo

教えて!goo | Q&Aを検索 🔍

https://oshiete.goo.ne.jp/

例えば、「教えて!goo」で「ジュエリー」と検索してみましょう。

ジュエリーに関するさまざまな質問と、質問に対する回答を読むことができます。

ユーザーが知りたいこと、困っていることが詰まっています。ここからキーワードを見つけることもできるのです。

例えば、こんなキーワードが考えられます。

- ジュエリーブランド　刻印
- ジュエリー　撮影
- アンティークジュエリー
- ジュエリー業界　仕入れ
- 結婚式　ジュエリー
- 天然石　アクセサリー

自社のWebサイトにコラムやFAQとして掲載することを考えてみてください。

ただし、「教えて!goo」でのやりとりを、そのまま掲載してはいけません。ご自身の知見や体験で、オリジナルな記事を作りましょう。

難しいけど、ロングテール対策につながる

用語集の作り方
（学習／知識系）

カタカナ用語や英語の略語など新しい用語にであったときは、用語集が便利です。用語の解説が簡潔に書かれていて、すっと頭に入ってきます。用語集はページ内にコンテンツを増やし、ロングテール対策ができるコンテンツです。

コンテンツを増やすにあたって、文章が苦手な人は用語集なんてよいのではないでしょうか？

それは、どうしてそう思ったのですか？

文章が短くて済みますし、用語の説明なら自分にも書けそうな気がします。

用語集は簡単にコンテンツを増やせると思って始める人が多いですが、実は難しい側面があります。

用語集でロングテールキーワード対策

用語集とは、特定の分野に関する用語を集め、その解説をまとめたものです。専門性の高い用語が多い場合や、独自の固有名詞がある場合などに作っておくと便利です。

図6-6-1　用語集

専門用語を集めて解説したコンテンツはロングテールになる！

用語集は用語の数だけコンテンツを増やしていくことができ、**ロングテールキーワード**対策につながります。ロングテールキーワードとは、検索される回数が少ないキーワードのことです。

たくさんの人に検索されるビッグキーワードと違って、1用語当たりの集客力は小さいですが、たくさんの用語を追加していくことによって、合計での集客力は大きくなります。

図6-6-2 用語集の集客力

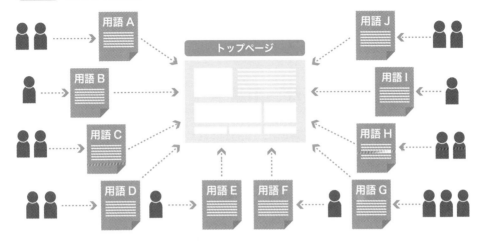

　専門用語や業界用語の場合は、ひとつの用語が検索されるチャンスは少ないかもしれませんが、「その用語で検索してきた人」は、「顧客になる可能性のある人」です。顧客になる可能性のある人が検索しそうな用語を洗い出し、解説文を書いていきましょう。

重複コンテンツになる危険性

　用語集は用語の解説文を書いていくだけなので、事例集や商品説明ページ等に比べると「簡単に作れるコンテンツ」と思われがちです。確かに解説文を書いていくことは、その業界に詳しい人にとって簡単なことかもしれません。

　ただし、重複コンテンツには十分注意をしてください。「用語の解説」なので、他のWebサイトでも同じような解説文を書いている可能性があります。

　例えば、「SEOとは」と検索してみると、以下のような説明文がありました。

> 　**【例1】**
> 　SEOとは「Search Engine Optimization」の略称で日本語にすると「検索エンジン最適化」といいます。具体的にはWebサイトの内容を、Google等の検索エンジンに理解しやすいように最適化すること、検索結果に表示させることで自分が伝えたい情報をユーザーにきちんと届けられるようにすることです。
> 　https://satori.marketing/marketing-blog/seo-measures/
>
> 　**【例2】**
> 　SEO（Search Engine Optimization）とは、検索エンジン最適化のことを意味し、検索エンジンで上位表示させるための施策のことを「SEO対策」と言います。
> 　https://www.seohacks.net/blog/1066/

> 【例3】
> SEOとは「検索エンジン最適化」を意味する、Search Engine Optimizationの略称です。Googleをはじめとした検索エンジンのランキングで上位表示を行うことで、検索結果からの流入や売上、リード獲得などを大きく増やすことが可能です。
> https://mieru-ca.com/blog/seo-measures/

少しずつ違いますが、用語の説明文なので、似てしまうことはやむを得ません。

重複コンテンツにならない用語集

似たような文章は「重複コンテンツ」と呼ばれ、SEO的に好ましくありません。

重複コンテンツとは、他のコンテンツと「完全に同じ」または「ほとんど同じ」コンテンツのことです。1ページ全体が「完全に同じ」または「ほとんど同じ」場合も重複コンテンツであり、1ページ内の特定のブロックが「完全に同じ」または「ほとんど同じ」の場合も、重複コンテンツとなります。

MEMO //

「本文中の何割が重複した場合にペナルティになるのか?」についてGoogleの公表数値はありません。重複になる可能性のある文章は、できる限り排除または修正しましょう。

Googleは重複コンテンツがあった場合、どちらかのページだけを表示します。これは、ユーザーの利便性を考慮したGoogleの仕様です。ユーザーが検索した際に「どのページを見ても似たようなことが書いてある」ということを避けるためです。

用語集は重複コンテンツになりやすいので、必ずオリジナルな文章を書き加えるようにしましょう。用語集に書き加えるオリジナルな文章としては、その用語に関連する自社独自の考え方、よくある質問、お客様の声、関連用語の情報などが向いています。

図6-6-3 オリジナルの文章で差別化

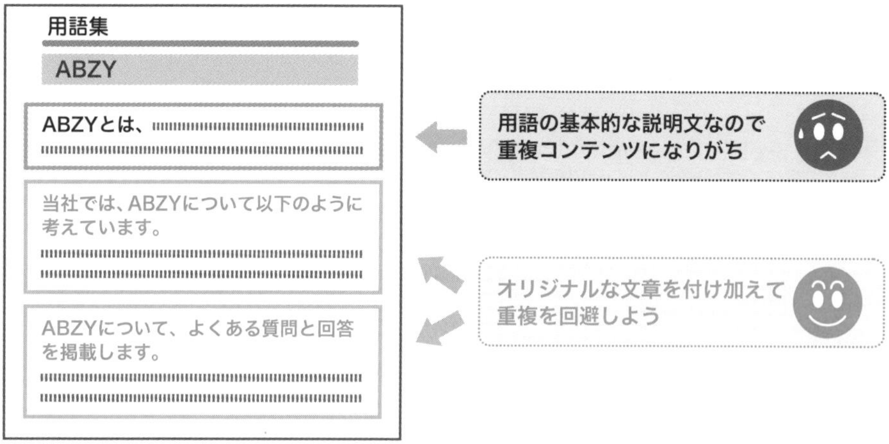

Lesson 6-7

コツコツ毎日増やせるコンテンツ

コンテンツ作りにブログを活用（社長／スタッフブログ）

ブログは、ウェブログ（Weblog）の略で、「日記のようなもの」と理解してください。HTMLの知識がなくても、気軽に文字や写真を掲載できる仕組みが浸透して、一気に広がりました。ブログは簡単にコンテンツが増やせる仕組みとして、SEOにも効果があります。

文章を書くことが好きなので、
日々の出来事をブログで書いてみようと思っています。

ブログは上手に使えば、SEOにも効果があります。

「なんでも書いちゃえ！」って思っていたんですが……

ブログに書いてよいことダメなこと

　ブログを始める際は、そのブログに何を書こうかテーマを決めましょう。SEOのことを考慮すると、自社のWebサイトで目標にしているキーワードが増えやすいテーマにすると効果的です。
「何を食べた」「どこに行った」など日記的なことを書いてもよいですが、Webサイトのテーマとかけ離れたことばかり書いていると、SEO的に逆効果になってしまいます。
　Googleは、各Webサイトの専門性を見ています。美容室の店長がラーメン好きで、ラーメンの日記ばかり書いていたらどうでしょう？　ラーメンのことは書かずに、ヘアカットの方法や世界中のヘアスタイルなどを取り上げたブログを書いたほうが、美容室のWebサイトとしての専門性が高まります。

サイト内ブログかサイト外ブログか？

　ブログを始める場合、ブログを自社のWebサイトのなかに設置するか外部に設置するかを考えましょう。

ブログをWebサイトのなかに設置すると、以下のメリットがあります。

サイト内ブログのメリット

- Webサイトのなかにコンテンツを蓄積できる
- 自社サイトのブログ記事なので、すべて自分の財産となる
- コンテンツの蓄積によってページ数が増え、含まれるキーワードも増える
- 更新頻度が高くなるので、Googleの評価も高くなる
- 更新頻度が高くなるので、Googleロボットの巡回も増える可能性がある

Webサイトの外に設置すると、以下のメリットがあります。

サイト外ブログのメリット

- 自社のWebサイトに対してリンクを張ることができる
- 新たに別のWebサイトを持つことになるので、お客様の入り口が増える
- アメブロやはてなブログなどを利用すれば、無料ブログのユーザーの流入も見込める

サイト内ブログでもサイト外ブログでも、コンテンツが増えるという点では、どちらもSEOに効果があります。

図6-7-1 設置場所の違い

サイト内ブログ

Webサイトのなかにコンテンツがたまっていくので自社のWebサイトがSEO的に強くなる

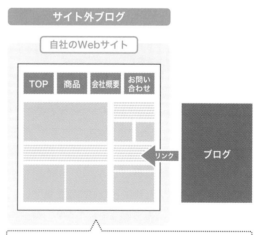

サイト外ブログ

自社のWebサイトと記事のテーマが同じ場合、リンクを張ることによって、Webサイトの被リンクの効果が高まる

筆者としては、サイト内ブログを作り、自社のWebサイトにコンテンツを増やしていくことをオススメします。

ブログは複数配置しても問題ないので、社長ブログ、スタッフブログ、製品ごとのブログ、お客様の声ブログなどアイデアを出して、個性的でおもしろいブログを作ってください。

図6-7-2 複数のブログを設置

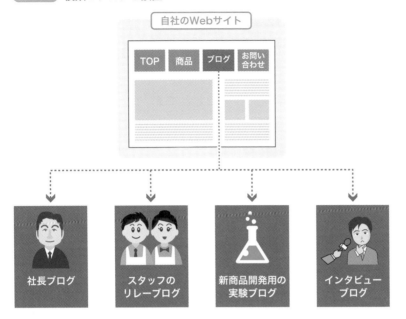

事例：不動産関連のブログを毎日更新

「ドリームX」は不動産会社向けのCMS（コンテンツマネジメントシステム）です。

　物件情報の更新やブログ等の記事アップも簡単で、アクセス解析機能も搭載しています。ターゲットは全国の不動産会社です。新規顧客獲得のため、さらには導入済みの不動産会社に向けたお役立ち情報提供のために、社長自らブログを毎日更新しています。

　「不動産ホームページ集客ブログ」はサイト内ブログとして構築しています。「ドリームX」のトップページの目立つところからリンクを張って、多くの訪問者をブログに誘導しています。

図6-7-3 ドリームXのサイト内ブログ

https://dreamone.co.jp/

Lesson 6-8

BtoB向けに適切なコンテンツとは？

購買プロセスに応じてさまざまなコンテンツが必要（BtoB商材）

BtoB商材とは、法人向けの商品やサービスのことです。個人向けの商品やサービスとの違いはたくさんありますが、最大の違いは「購買プロセス」だと思います。ここではBtoB商材の購買プロセスにスポットを当てて、必要なコンテンツについて考えていきましょう。

私が扱うハワイアンジュエリーは、一般のお客様向けのBtoC商材ですが、将来はBtoB商材としても販売できないかな？　なんて考えています。

夢が膨らみますね〜

実はBtoBの法人相手になったほうが、一回の購入で買っていただける金額が大きくなるかなって欲が出ちゃっただけです。将来のために、BtoBのことも教えてください。

BtoBとBtoCの違い

BtoBとは「Business to Business」の略で、法人の顧客を相手にするビジネスを指します。一方、BtoCとは「Business to Customer」の略で、個人の顧客を相手にするビジネスを指します。Bはビジネス（Business）、Cはコンシューマー（Consumer）と覚えておきましょう。

BtoCの場合は、個人の判断で購入できることが多く、衝動買いが発生しやすくなります。一方で、BtoBの場合は、以下のような特徴があります。

意思決定者がひとりではなく、複数存在する

担当者がひとりで購入を決めることができず、上司に説明して上司の決裁を取る場合が多いです。企業によっては、総務部、購買部などの許可を取り、購入手続きも別の担当者が行います。

決まりきったプロセスが必要

企業ごとに、購入までの形式的なプロセスがあります。見積もりを複数社から取ること、予算を

取ること、稟議書をまわすことなどがあげられます。こういったプロセスも、購入までの時間を引き延ばす原因になっています。

商品を購入する人と、実際に利用する人が違う

　例えばパソコンや会社用のスマートフォンを購入する場合、意思決定者はIT部門で、実際に使うのは社員全員というケースなどがあげられます。

カスタマージャーニーマップを作ろう

先ほど書いた通り、BtoB企業の購買行動には以下の特徴があります。

- **意思決定者がひとりではなく、複数存在する**
- **決まりきったプロセスが必要**
- **商品を購入する人と、実際に利用する人が違う**

　BtoB商材の場合は決断までに時間がかかるため、ていねいに説得していく必要があり、検討のタイミングに合致したコンテンツが求められます。

　戦略を練るときに役に立つのが、**カスタマージャーニーマップ**です（次ページの**図6-8-1**）。「カスタマージャーニー」とは、ユーザーが購入に至るまでのプロセスのことです。ユーザーのプロセスを時系列に並べて、そのタイミングごとにユーザーがどんな感情を抱き、どんな思考をするのかを図式化したものを「カスタマージャーニーマップ」といいます。

　一般的には、ユーザーが商品やサービスを認知するところから始まり、「**認知興味→情報収集→比較検討→購入**」などとプロセスをたどります。

カスタマージャーニーに合わせたコンテンツ作り

　BtoB商材の場合、もちろんSEOによる集客は大切ですが、そのあとの育成（ナーチャリング）をしっかりと考えておく必要があります。それは、BtoB商材はBtoC商材に比べて、決断までに時間と検討が必要なケースが多いからです。

　育成とは、興味関心をもっているユーザーに対してさまざまなアプローチを行い、購入の決断まで確実に導いていくことです。

　カスタマージャーニーマップを作ると、ユーザーの購買プロセスに応じてどんなコンテンツが必要なのかが具体化します。例えば、次ページの**図6-8-1**「カスタマージャーニーマップ」では、情報収集のタイミングで「ユーザーが検索するのではないか」と仮説を立てています。このときのユーザーの「ニーズ、感情、思考」などを考えながら、検索キーワードを予測します。

図6-8-1 カスタマージャーニーマップ

プロセス	認知興味	情報収集	比較検討	購入
段階状況	●システム入れ替えのタイミング	●各社の新しいシステムを調査 ●競合の導入状況を調査	●機能比較 ●価格比較	●導入しやすさ ●導入のタイミング
ニーズ	●継続か入れ替えかを検討中 ●現状の問題点を解決できるシステムがないか？	●最新システムを知りたい ●入れ替えのメリットとデメリットを調査したい	●現状との比較をしたい ●問題点をどう解決できるか具体案を知りたい	●コスト面で安心したい ●導入時期とセキュリティ面を確保したい
感情／思考	●現状のトラブルを回避したい ●期限が迫っている	●コスト削減が求められている ●機能面重視	●解決策は万全か ●社員への教育は簡単か	●失敗したくない ●セキュリティ面を再確認したい
タッチポイント	●Facebook広告 ●自社Facebookの記事 ●○○サイトのバナー広告	●コンテンツページの記事 ●製品ページ（A／B／C） ●ホワイトペーパー	●事例の動画 ●メール（ステップメール） ●自主開催セミナー	●個別相談会 ●担当者
行動	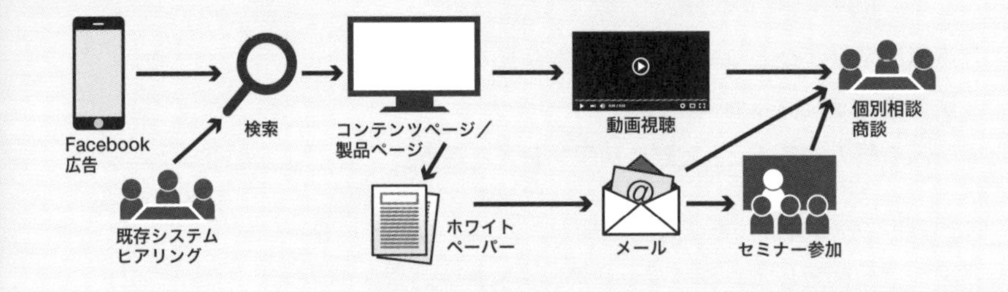			

Facebook広告　既存システムヒアリング　検索　コンテンツページ／製品ページ　ホワイトペーパー　メール　動画視聴　セミナー参加　個別相談商談

各プロセスに応じた戦略立案
どんなコンテンツが必要か？

プロセス	認知興味	情報収集	比較検討	購入
必要なコンテンツ	●Facebook広告（2タイプ） ●Facebook投稿文（20日分） ●バナー広告用コンテンツ（一式）	●コンテンツページの記事（テーマごとに8本） ●製品ページ（A／B／C） ●ホワイトペーパー（取材記事4本／アンケート4本）	●事例の動画（既存動画をYouTubeにアップ） ●メール（ステップメール） ※シナリオから新規見直し ●自主開催セミナー（毎月開催に変更／テーマ検討／講師手配）	●個別相談会（毎月開催に変更／担当者） ●担当者

　検索したユーザーはコンテンツページの記事にたどり着く想定なので、コンテンツとしてどんなものを準備しておけばよいかを議論して、必要な本数の原稿をWebサイトにアップしておくことが重要です。

　コンテンツ記事を読んで納得したユーザーは、カスタマージャーニーの次の工程へと進みます。

　BtoB商材を扱う場合は、集客のためのSEOはもちろんのこと、そのあとの育成（ナーチャリング）を踏まえたコンテンツの準備を行っておきましょう。

MEMO

カスタマージャーニーマップは、製品やサービスによってもっと複雑なプロセスが必要な場合もあります。また、縦軸もケースバイケースで項目の追加、削除を行いながら作成してください。

Chapter 7

Webサイトを分析する

SEOを成功に導くために、さらにはSEO
の施策を効率的に行っていくために、定期
的な分析と見直しが不可欠です。
「Plan(計画) ➡ Do(実行) ➡ Check(評
価) ➡ Act(改善)」のサイクルを回して、
継続的な改善を心がけてください。

Lesson 7-1

定期的にチェックしておきたい

いま何位？
検索順位を調べる方法は？

SEOは、効果が出るまでに時間がかかります。すぐに1位を獲得することは難しいので、経過を見ていく必要があります。定期的に検索順位を調べて、対策を考えましょう。

「ハワイアンジュエリー」で検索しても、1ページ目に自分のWebサイトがありません。2ページ目、3ページ目にもないんです〜（涙）

SEOをはじめると、順位が気になりますよね。長期戦の構えで取り組みましょう！

順位が上がったとか下がったとか、経過を見ていくことも大事ですよね！

パーソナライズド検索に注意！ ブラウザでの順位チェック

　検索順位を調べるのにいちばん簡単な方法は、自分のブラウザにキーワードを入れて確認する方法です。

　このとき、ひとつ重要な注意点があります。

　Googleの検索結果は、Googleにログインしている場合は**ユーザーごとにカスタマイズ**されています。これをGoogleの**「パーソナライズド検索」**と呼びます。

　パーソナライズド検索には、**これまでに検索したキーワードや現在の位置情報などが影響**しています。過去に訪問したWebサイトや自分の興味に合致した検索結果が表示されるのは、この「パーソナライズド検索」の影響です。

　ユーザーにとって便利なパーソナライズド検索ですが、自社のWebサイトの順位を調べるときは、正しい順位が確認できなくなってしまいます。

　そのため、パーソナライズド検索が影響しない状態で、検索を行いましょう。

プライバシーモード（プライベートモード）の設定方法

　各ブラウザには、通常のモードと別に**プライバシーモード（プライベートモード）**があります。プライバシーモード（プライベートモード）は、過去の閲覧履歴やCookie情報が削除された状態です。正しい検索結果を確認したい場合は、プライバシーモード（プライベートモード）を使いましょう。

　Google Chromeの場合は、画面右上から「新しいシークレットウィンドウ」をクリックします。

図7-1-1 Google Chromeの新しいシークレットウィンドウ

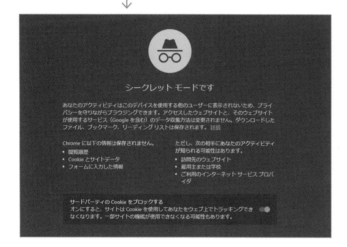

MEMO ///

主要ブラウザのプライバシーモード（プライベートモード）は、以下の通りです。

- **Firefox**：プライベートブラウジング
- **Google Chrome**：シークレットモード
- **Microsoft Edge（Windows）**：InPrivate ウィンドウ
- **Safari（macOS／iOS)**：プライベートブラウズ

順位を調べるWebツール

　検索順位を調べるツールは、インターネット上にたくさんあります。「検索順位　チェック」や「検索順位　ツール」などと検索してみてください。例えば、「SEOチェキ！」や「検索順位チェッカー」では、順位を調べたいWebサイトのURLとキーワードを入力して「チェック」ボタンをクリックするだけで、現在の検索順位を表示してくれます。

　数個のキーワードで、一時的に順位を調べたいときに便利です。

図7-1-2 SEOチェキ！

http://seocheki.net/

図7-1-3 検索順位チェッカー

http://checker.search-rank-check.com/

SEOのツールは無料で試せるツールが多いので、使いやすいツールを見つけてください。

順位を調べるローカルツール

「SEOチェキ！」や「検索順位チェッカー」は、Web上で簡単に利用できるツールですが、一度に調べられるキーワード数にも制限があり、過去の順位を残しておくことができません。

一方、パソコンにツールをインストールして使う「GRC」等のローカルツールの場合は、**一度にたくさんのキーワードの順位を調べることができ、さらに履歴を残しておくことができます。**検索順位がいつ上がり、いつ下がったかといった経過を確認することもできます。

図7-1-4 検索順位チェックツール「GRC」

http://seopro.jp/grc/

Lesson 7-2

効率よくサイトを運営していくために

Webサイト運営の必需品 「Google Search Console」

Webサイトの立ち上げよりも、実はWebサイトの運営段階に入ってからのほうが忙しくなることが多いです。運営段階では日々の運営（お客様対応）のほかに分析や検証、売上管理も入ってきますし、立ち上げ時と同様の新商品関連の仕事も継続になります。ツールに任せられる仕事はツールを使って効率化していきましょう。

あ～あ～目が回る。やることが多くてパニックです。

Webサイトの新規立ち上げもたいへんでしたが、運営段階になっても、SEOでの検索順位を調べたり、売り上げを確認したり、新商品を開発したりと、やることがありますね。

この前はWebサイトのリンク切れがあって、売り上げをずいぶん減らしてしまいました。だれかWebサイトを見張っていてくれないかしら？

運営を上手にまわすためには、ツールでできることはツールに任せて、運営者は「人間にしかできない仕事」に集中するべきですよね。

無料監視ツール 「Google Search Console」に登録しよう

「Google Search Console（グーグルサーチコンソール）」は、Googleが提供する無料のツールです。簡単にいうと、**Webサイトを監視、管理して、Google検索結果でのサイトのパフォーマンスを最適化**できるようにサポートしてくれるツールです。

例えば

- WebサイトのすべてのページがきちんとGoogleにインデックスされているのか？
- Webサイトに訪問するユーザーは、どんなキーワードで検索しているのか？
- ユーザーが検索した際、自社のWebサイトはそのキーワードで何位に表示されるのか？

などをチェックしてくれます。

その他にもWebサイトに不具合、エラーが発生していないかなどを監視し、問題点をメールで通知してくれます。

図7-2-1 Google Search Console

https://www.google.com/webmasters/tools/

┃「Google Search Console」でチェックしよう！

Google Search Consoleではたくさんの項目を監視しているので、すべての項目を毎日チェックするのは難しいかもしれません。

SEOの観点としては、「検索結果のパフォーマンス」を確認しましょう。

検索結果のパフォーマンス

サイト全体を俯瞰して確認することができます。合計のクリック数、表示回数、平均CTR、平均掲載順位等がグラフで表示されます。

図7-2-2 検索結果のパフォーマンス

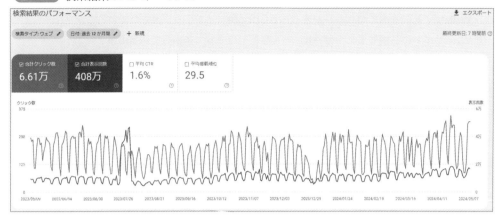

Webサイトがどんなキーワードで検索されているか（クエリ）、そのキーワードでの表示回数や実際にクリックされた回数、CTRやキーワードの掲載順位は何位かなどを調べることできます（**図7-2-3**）。

また、ページごとのクリック数、表示回数、CTR、掲載順位もチェックできます（**図7-2-4**）。

図7-2-3 上位のクエリ

上位のクエリ	↓ クリック数	表示回数	CTR	掲載順位
レインボーフラッグ 意味	738	11,573	6.4%	3.1
グリーゼ	705	8,635	8.2%	2.1
お車	631	2,584	24.4%	1
箇条書き 記号 ルール	473	810	58.4%	1
株式会社グリーゼ	473	640	73.9%	1
リフューズとは	454	9,445	4.8%	3.5
オリンピックという言葉 使えない	440	961	45.8%	1.1
箇条書き 記号	433	4,440	9.8%	4.6
マルチステークホルダー	425	10,746	4%	1.7
webライター ai	381	3,242	11.8%	1.5

図7-2-4 上位のページ

クエリ	ページ	国	デバイス	検索での見え方	日付

上位のページ	↓ クリック数	表示回数	CTR	掲載順位
https://gliese.co.jp/success/mailmagazine/official/190425.html	6,541	168,153	3.9%	10.9
https://gliese.co.jp/success/mailmagazine/official/210114.html	4,962	58,880	8.4%	13.3
https://gliese.co.jp/success/mailmagazine/official/200326.html	4,745	69,146	6.9%	11.9
https://gliese.co.jp/sdgs/glossary/rainbow_flag.html	2,322	91,426	2.5%	7.0
https://gliese.co.jp/success/mailmagazine/official/190530.html	2,100	67,740	3.1%	7.7
https://gliese.co.jp/success/mailmagazine/official/190928.html	2,046	11,412	17.9%	9.1
https://gliese.co.jp/sdgs/glossary/dei.html	1,510	189,994	0.8%	10.2

MEMO //

クエリ（query）とは、ユーザーが検索するときに入力した文言のことです。1語のみの単語の場合もあれば、複数語を組み合わせたフレーズ、または文章の場合もあります。

また、クエリは本来「質問」という意味なので、インターネットという巨大なデータベースに対する「ユーザーからの質問」と解釈することができます。

サイトへのリンク

「リンク」をクリックすると、外部リンク、内部リンク、上位のリンク元サイトなどが確認できます。リンクの数も、SEOにとっては重要な要素です。定期的に確認しましょう。

図7-2-5 上位のリンクされているページ・上位のリンク元サイト

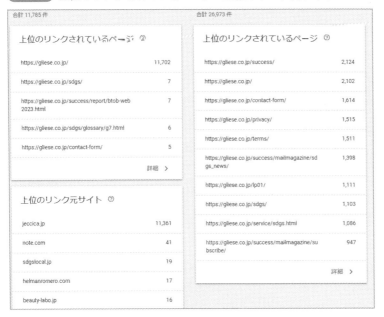

「Google Search Console」を定期的にチェックすることをお忘れなく！

SEOを成功に導くためには、定期的な検証が必須です。たくさんの施策を打つことも重要ですが、ひとつひとつの施策がうまくいったのかどうかをチェックして、次の施策に活かしましょう。

Lesson 7-3

アクセス解析をサイトの改善に活かす

分析ツール「Google アナリティクス 4 (GA4)」

検索順位が1位になっても、売上げや問い合わせにつながらなければ意味がありません。SEOのゴールは検索順位の1位ではなく、検索結果の上位に表示されたことによって多くのお客様の目にとまるようになること。そしてWebサイトに訪問してもらって、行動をしてもらうことです。Webサイトへの訪問者数、ページビューなどを調べるために、Googleアナリティクスを導入しましょう。

がんばってきた甲斐があって、いろいろなキーワードで検索結果の1ページ目に表示されるようになってきました。

Webサイトからの問い合わせは増えていますか？

増えているんですが、ほぼ全員がFacebook経由で来てくれている友だちばかりで……

SEOのキーワード検索でWebサイトにきている人は、どのくらいいるのでしょうか？　調べてみましょう！

┃ Webサイト運営者必須ツール 「Googleアナリティクス（GA4）」とは？

Google Analytics 4（GA4）は、Googleが提供するアクセス解析のための無料ツールです。GA4を導入すると、Webサイトでのユーザーの行動を確認・分析することができます。

※本書では、「Googleアナリティクス（GA4）」を以降、GA4と表記します。

MEMO ///

GA4は、Googleアナリティクスの最新版です。旧Googleアナリティクス（ユニバーサルアナリティクス）のサポートは、2023年7月に終了しました。

GA4のホーム画面は、ダッシュボードです。初期設定では、ユーザー数や表示回数などが表示されていますが、必要に応じてカスタマイズすることができます。

図7-3-1 GA4のホーム画面

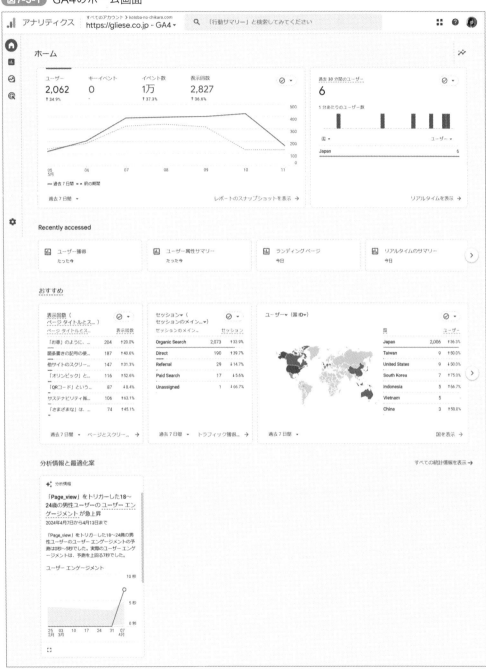

例えば、初期設定では「過去7日間」の数値が表示されています。

「過去30日」の数値を見たい、「過去12か月」での分析をしたい、などという場合は、「過去7日間」の右にある三角形（▼）をクリックして、期間を変更することもできます。

図7-3-2 表示する期間を変更する

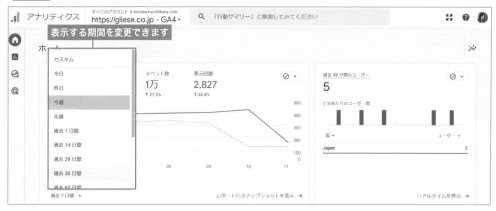

Googleアナリティクスは、取得できるデータの数が多く細かいため、すべての項目を確認するのは現実的ではありません。Webサイトの運営方針にしたがって、見るべき項目を絞って使うことをオススメします。

ここでは、SEOの観点でチェックすべき項目として、2つだけに絞って説明します。

Organic Search（自然検索）の流入数を確認しよう

Webサイトには、どんな流入経路でユーザーが訪問しているのでしょうか？　GA4のレポートで確認することができます。

GA4の左ナビの「**レポート**」➡「**集客**」➡「**ユーザー獲得**」と見ていきましょう（**図7-3-3**）。

図7-3-3 GA4のレポート：ユーザー獲得

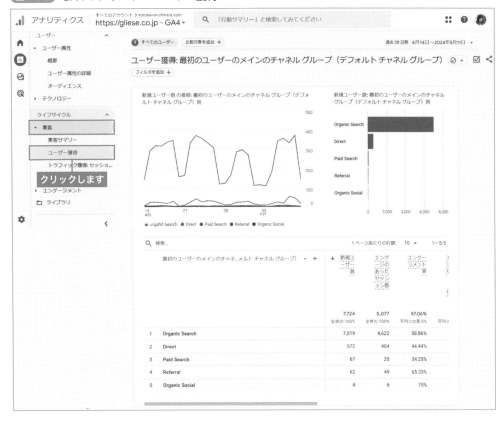

SEOがうまくいっているWebサイトであれば、Organic Search（自然検索）からの流入が多くなるはずです。

ここで確認できる主要な項目の意味は、以下の通りです。

- **Organic Search：GoogleやYahoo!などの検索エンジン経由の訪問（自然検索）**
- **Paid Search：リスティング広告経由の訪問**
- **Direct：URLの直接入力、ブックマーク経由の訪問**
- **Referral：他のWebサイトのリンク経由の訪問**
- **Organic Social：FacebookやX、InstagramなどのSNS経由（無料のSNS投稿）の訪問**
- **Paid Social：FacebookやX、InstagramなどのSNS経由（有料の広告など）の訪問**
- **Display：ディスプレイ広告経由の訪問**

他にもさまざまな項目が表示されることがありますので、その際は、GA4のヘルプページなどで確認してください。

[GA4]デフォルトチャネルグループ
https://support.google.com/analytics/answer/9756891?hl=ja

訪問者が最初に訪れたページを確認しよう

新規ユーザーは、どのページに訪問しているのでしょうか？　GA4のレポートで確認することができます。

GA4の左ナビの「**レポート**」 ➡ 「**エンゲージメント**」 ➡ 「**ランディングページ**」と見ていきましょう（**図7-3-4**）。

図7-3-4 GA4のレポート：ランディングページ

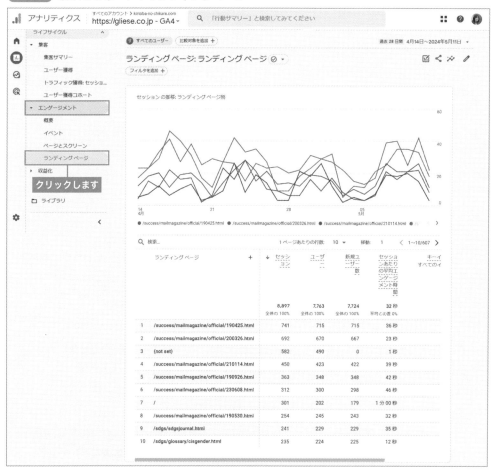

ランディングページとは、訪問者が最初にランディング（到着）するページという意味です。

この画面では、ランディングページごとの集客状況（セッション、ユーザー数、新規ユーザー数、セッションあたりの平均エンゲージメント時間など）がわかります。

SEOでキーワードごとにコラム等を書いていれば、キーワード検索からコラムのページへのランディングが多くなるはずです。

　一般的には、Webサイトのトップページへのランディングが多くなりがちですが、ロングテールSEOがうまくいくと、いろいろなページ（下層のページ）に訪問者がランディング（最初の到着）をすることになります。

訪問者（ユーザー）の属性を確認しよう

　Webサイトには、どんな人が訪問しているのでしょうか？　SEOの計画を立てる際には、「どんな人と出会いたいか」を決めることが大事です。会いたい人と出会えているかを確認していきましょう。

　GA4の左ナビの「**レポート**」➡「**ユーザ　属性**」➡「**概要**」とクリックしていきます（**図7-3-5**）。

図7-3-5 GA4のレポート：ユーザー属性の概要

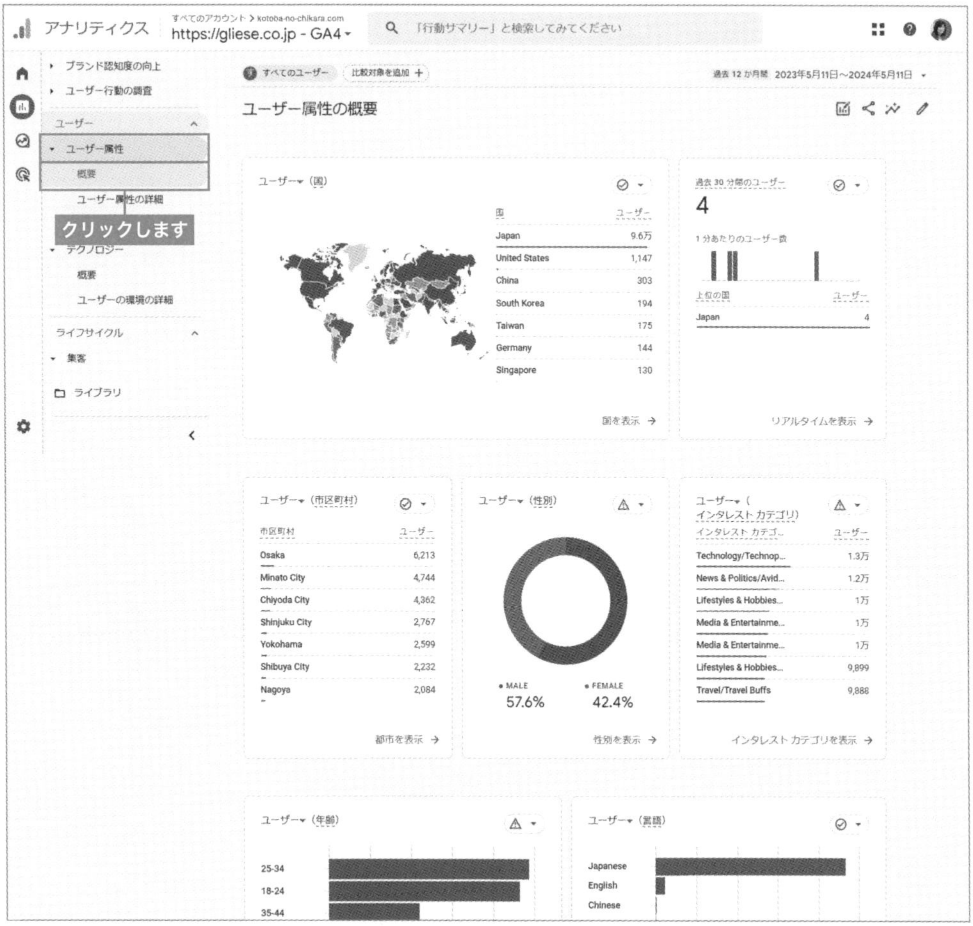

ユーザーの国、市区町村、性別、年齢などが確認できます。Webサイトの訪問者を俯瞰して見るのに便利です。

GA4の左ナビの「**レポート**」➡「**テクノロジー**」➡「**概要**」とクリックすると、訪問者のOSや、プラットフォームなども確認できます（**図7-3-6**）。

図7-3-6 ユーザーのOSやデバイスが確認できる

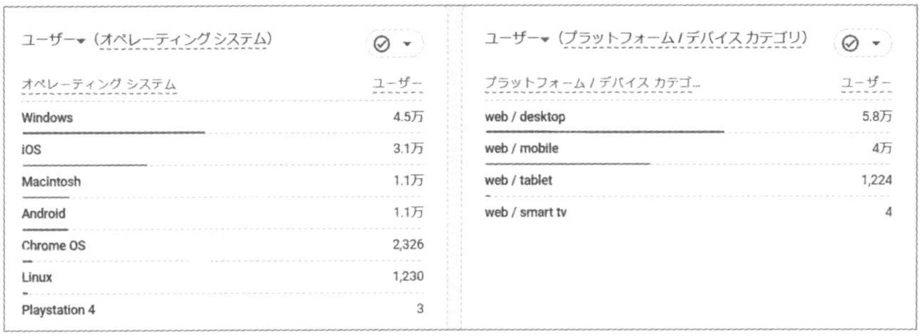

ユーザー▼（オペレーティング システム）		ユーザー▼（プラットフォーム / デバイス カテゴリ）	
オペレーティング システム	ユーザー	プラットフォーム / デバイス カテゴ	ユーザー
Windows	4.5万	web / desktop	5.8万
iOS	3.1万	web / mobile	4万
Macintosh	1.1万	web / tablet	1,224
Android	1.1万	web / smart tv	4
Chrome OS	2,326		
Linux	1,230		
Playstation 4	3		

ここで大切なのは、ユーザーがどんなデバイスを使って、Webサイトを見ているかということです。BtoBのWebサイトでは、「PCで見ている人が多いと思ったが、意外とモバイルユーザーが多かった」というケースが多いです。その場合は、モバイルでの見え方を改善する必要があります。

探索の機能を使ってみよう

GA4では、あらかじめ基本的なレポートが表示されるようになっています。GA4でデフォルトで表示できない詳細なレポートが見たいときは、探索の機能を使ってみましょう。

データのクロス集計、目標到達までのプロセス、経路など、さまざまな分析ができます。

あらかじめテンプレートも用意されていますので、活用してみてください。

図7-3-7 GA4のテンプレートギャラリー

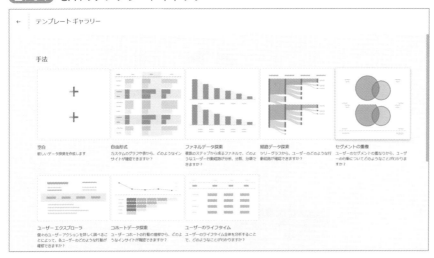

COLUMN ○ ○ ○ ○ ○ ○ ○ ○ ○ ○

Googleアナリティクスと Search Console を連携させる

Google アナリティクスと Search Console は、どちらも SEO を行ううえで必須のツールです。

連携の設定を行っておけば、Google アナリティクスの画面で Search Console の一部の情報を確認することができます。

Google アナリティクス	連携	Search Console

GA4 の管理画面にある歯車マーク（管理）をクリックします。

図7-3-A GA4の管理画面

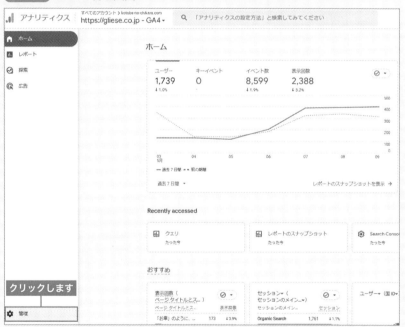

次ページへ

「サービス間のリンク設定」から「Search Consolのリンク」をクリックして、連携させましょう。

図7-3-B 「Search Consolのリンク」を選択

連携が完了すると、GA4の画面上でSearch Consolの一部のデータを確認できるようになります。

図7-3-C GA4の画面でSearch Consolのデータを確認できる

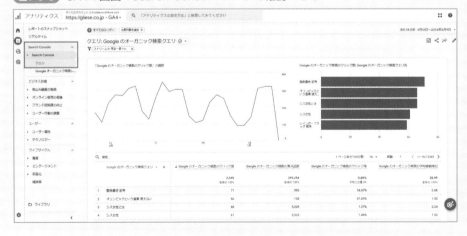

Lesson 7-4

長い目で見て、コツコツ運営していこう

SEO視点でWebサイトを分析・改善するときの考え方

順位だけにとらわれないでください。長期的な将来を見渡す余裕と、Webサイトの運営全体を見渡す広い視野を持って分析・改善に取り組みましょう。お客様の幸せを考えた改善は、必ずSEO的な評価にもつながります。

何事も振り返って反省することが苦手なので（笑）、Webサイトも作ることばかりに集中してしまって……

Webサイトの運営が始まってしまうと、日々のお客様対応と、新しいコンテンツ（商品含め）づくりだけで精一杯ですよね。

週に1回とか、月に1回とか決めておかないと、分析や改善の時間って生み出せませんよね。

順位が上がるまでには時間がかかる

SEOに取り組みはじめても、検索順位がすぐに上がってくるわけではありません。3か月から1年くらいかけて、コツコツ取り組んでいきましょう。

特にビッグキーワードや、強いライバルがいるキーワードの場合は、上がったり下がったりを繰り返すこともあります。

「SEOは長期的な取り組み」と覚悟を決めて、「長期的なプラン」を設定して「日々の対策」を行っていきましょう。

例えば、「特定のキーワードでの順位を上げていくために、年間で60コンテンツを作ろう」と決めるのが年間計画の1歩になります。そして年間計画を実行していくために、「月に5記事公開できるようにしていこう」と計画を立てていくことになります（**図7-4-1**）。

図7-4-1 定期的な更新計画表

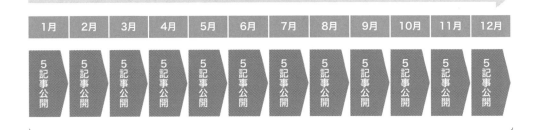

なかなか順位が上がらないページの対応策

新しいコラムのページをアップしても、そのページの順位がすぐについてくるとは限りません。

- いつまでも圏外
- いつまでも50位台から上がってこない
- 一度1ページ目に上がったのに、すぐに順位が落ちてしまった

上記のような悩みは、SEOでありがちなことです。一度アップしたページでも、そのまま放置せずに「手入れ」を行っていきましょう。あるWebサイトでは、すべての商品ページに対して、後日「FAQコーナー」と「お客様の声」を追加して、商品ページすべての「手入れ」を行いました（**図7-4-2**）。

ページ内のコンテンツが充実したことによって、SEO的な順位の改善にもつながっています。

図7-4-2 商品ページの改善

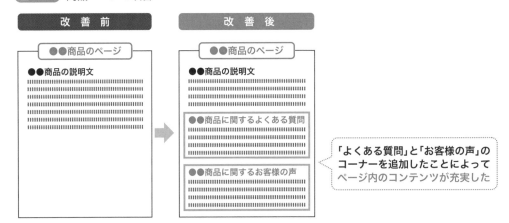

1位になることがゴールではない

SEOへの取り組みに集中してしまうと、順位ばかりが気になってしまうかもしれません。そこにSEOの危険性があります。

本来の目的は、なんでしょうか？
Webサイトへの訪問者を増やし、お客様に購入していただき、さらにリピート利用していただくこと（ファンになっていただくこと）が、本来のWebサイトの目的ではないでしょうか？

図7-4-3 お客様にファンになってもらう

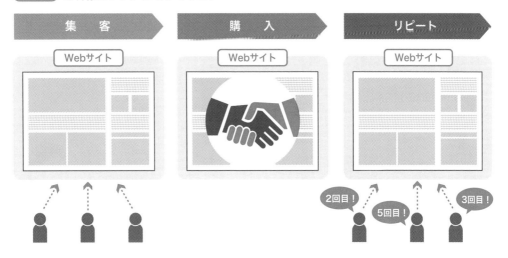

SEOは「Webサイトへの訪問者を増やす」ための、ひとつの施策にすぎません。SEOでの順位だけに夢中になって、本来の売り上げアップやファン育成を忘れないように注意してください。

Lesson 7-5

王道のSEOが成功への近道です

ホワイトハット SEO と
ブラックハット SEO

Webサイトへの集客のために、SEOに取り組むことが大事です。ただし検索1位を獲得することは簡単なことではありません。インターネットに流れる情報や「こうやったら1位になった」などの体験談を鵜呑みにした、小手先のSEOは危険です。そこは忘れないようにお願いします。

 正しいSEOについて、理解できたような気がします。

 検索での順位を上げようと考えず、
お客様の方を向いていれば良いということですよね。

その通りですね。お客様の方を向いた正しいSEOを行うことが、検索の順位を上げ、さらには売上げにつながってくるということですね。

ホワイトハットSEOとブラックハットSEO

図7-5-1 2タイプのSEO

は？ ユーザーのこと？
どうでもいいですね
検索順位がすべてなんで
はい～

ユーザーの利便性を一番に考えて、清く正しく検索順位を上げていこうと思います！

ホワイトハットSEO

　ホワイトハットSEOとは、Googleのウェブマスター向けガイドライン（品質に関するガイドライン）に準じ、ユーザーのことを第一に考えたWebサイト運営を行い、その結果として検索順位が上がってくるという**王道のSEO**のことです。

ブラックハットSEO

　一方ブラックハットSEOとは、ユーザーのことを考えず、検索順位を上げることだけを考えているSEOのことです。ブラックハットSEOは、**ユーザーの利便性を無視したSEO**ということになりますので、Googleからの評価を得ることはできません。

　数年前まではGoogleのロボットの目をかいくぐるようなSEOが多くありました。例えば、低品質なWebサイトからのリンクや有料リンクを購入するなどの外部対策に対する取り組み。さらには、内部コンテンツ対策として、他社のWebサイトからのコピー&ペーストで作ったようなコンテンツや、内容の薄いコンテンツの量産などもブラックハットSEOに該当します。

Googleの基本に立ち戻ろう

　SEOを行う場合に、分析や改善を行う際に迷ったときは、Googleの基本に立ち戻って考えましょう。

　Googleの基本方針は、「**Googleが掲げる10の事実**」として整理されています。冒頭に書かれているのは「**1. ユーザーに焦点を絞れば、他のものはみな後からついてくる。**」ということです。

図7-5-2 Googleが掲げる10の事実

Google が掲げる 10 の事実

Google がこの「10 の事実」を策定したのは、会社設立から数年後のことでした。Google は随時このリストを見直し、事実に変わりがないかどうかを確認しています。Google は、これらが事実であることを願い、常にこのとおりであるよう努めています。

1. ユーザーに焦点を絞れば、他のものはみな後からついてくる。

Google は、当初からユーザーの利便性を第一に考えてきました。新しいウェブブラウザを開発するときも、ホームページの外観に手を加えるときも、Google 内部の目標や収益ではなく、ユーザーを最も重視してきました。Google のホームページはインターフェースが明快で、ページが瞬時に読み込まれます。金銭と引き換えに検索結果の順位を操作することは一切ありません。広告は、広告であることを明記したうえで、関連性の高い情報を邪魔にならない形で提示します。新しいツールやアプリケーションを開発するときも、もっと違う作りならよかったのに、という思いをユーザーに抱かせない、完成度の高いデザインを目指しています。

https://about.google/philosophy/?hl=ja

> **❝ 基本方針**
>
> ■ 検索エンジンではなく、ユーザーの利便性を最優先に考慮してページを作成する。
> ■ ユーザーをだますようなことをしない。
> ■ 検索エンジンでの掲載位置を上げるための不正行為をしない。ランクを競っているサイトやGoogle社員に対して自分が行った対策を説明するときに、やましい点がないかどうかが判断の目安です。その他にも、ユーザーにとって役立つかどうか、検索エンジンがなくても同じことをするかどうか、などのポイントを確認してみてください。
> ■ どうすれば自分のウェブサイトが独自性や、価値、魅力のあるサイトといえるようになるかを考えてみる。同分野の他のサイトとの差別化を図ります。

Googleは、創業当時からユーザーの利便性を第一に考えてきた会社です。

SEOに取り組んでなかなか成果が出ない場合でも、コツコツとユーザーのことを第一に考えたWebサイト運営を行っていきましょう。

最新情報をキャッチアップしよう

インターネットの世界は目まぐるしいスピードで動いています。常に最新情報をキャッチアップする努力をしてください。

Googleの最新情報としては、「**Google検索セントラル**（旧Googleウェブマスターツール）」を定期的に確認することは忘れずに、その他もSEOに関するニュース等をチェックしておきましょう。

図7-5-3 Google検索セントラル

https://developers.google.com/search?hl=ja

Googleは Web サイトや動画などを利用して、方針や考え方を発表しています。アルゴリズムの変更や、新しいサービス、新しい機能などが次々と公開されていくでしょう。**Googleの発表を直接入手**して、Web サイト運営に役立ててください。

Googleの公式Webサイトもチェックしよう！

Google の公式 Web サイトも、ひととおり目を通してみると勉強になります。Google がどんなことを考え、どんな取り組みをしているのかが感じ取れます。

Lesson 7-5

- **Googleについて**
  https://about.google/intl/ja_jp/

- **Google Japan Blog**
  https://japan.googleblog.com/

- **Google検索セントラルの最新情報**
  https://developers.google.com/search/news?hl=ja

検索エンジンの世界も、**Google第一主義から変わっていくことも考えられます**。インターネット全般について、さらには社会の動きなども敏感に情報収集するようにしましょう。

SEO に関する記事（コンテンツの重要性）が、新聞のトップニュースになったこともあります。

SEO は、日常生活とインターネットの世界をつなぐ入り口の役目を果たしています。業界ニュースだけではなく、世の中の動向をとらえていきましょう。

ホワイトハットSEOとブラックハットSEO

COLUMN ○ ○ ○ ○ ○ ○ ○ ○ ○ ○

AI時代のSEOで重要なこと

さまざまな場面で、AI（人工知能）の活用が急速に広がっています。当然、SEOの分野でもAIを使った業務効率化が進んでいます。

生成AIを活用すれば、キーワードリストも一瞬でできあがります。コンテンツのアイデア出し、構成案の作成、原稿の執筆、リライト、校正といった、これまで何時間もかかっていた作業を生成AIは驚くほどのスピードで完了してくれます。

キャッチコピーの作成も、いままでのように頭をひねり、悩む必要はありません。「○○○について、10個キャッチコピーを作成して」と依頼するだけで、自分では思いもつかないような魅力的なキャッチコピーが、次々とできあがってくるのです。

定期的な順位調査やWebサイトの分析なども、生成AIがルーティン業務として行ってくれるでしょう。**AIは、読者のみなさんのSEOの取り組みを、確実に手助けしてくれます。**

しかし、どんなにAIが進化しても、**「コンテンツを読むのは人間である」**ということは、常に意識してほしいことです。生成AIは大量の情報を学習していますが、いまこの瞬間の私たちのリアルな生活や会話、感情を完全に理解することはできません。

インターネット上でも、やり取りするのは「人間対人間」です。**自分にしか伝えられない情報を自分の言葉で発信する**ことの大切さを、忘れないでください。

Appendix

SEOに関する
アドバイス付き用語集

最後に付録として、本書に出てきた用語を
中心に、SEOの関連用語をまとめました。
用語の意味を説明するだけでなく、ちょっ
としたアドバイスも載せています。
本書以外で情報収集する際も、SEO関連
の専門用語に対する拒否反応を持つことな
く、ドキュメントをすらすらと読み解いて
いきましょう。

用語集

数字

301リダイレクト

重複コンテンツを解消するために使うタグのこと。重複コンテンツがあるとSEO的に不利になってしまうため、対策として301リダイレクトを使い、重複コンテンツに訪問したユーザーを強制的に1つのページに集中させることができる。

アルファベット

AmazonのSEO

Amazon独自の検索エンジンは「A9」と呼ばれる。アルゴリズムの詳細は公開されていないが、商品情報、販売個数、在庫数、ユニットセション率、レビュー数などが関連すると言われている。GoogleのSEOと同様に、商品情報には具体的なキーワードを入れ、お客様にわかりやすく伝えることが重要。またレビューは数の多さよりも、★の数が多い高評価のレビューがどのくらい付いているかが評価の対象になるようだ。

canonical

canonicalは、重複コンテンツを解消するために使うタグのこと。重複コンテンツがあるとSEO的に不利になってしまうため、対策としてcanonicalタグを使ってURLの正規化を行うことができる。

ChatGPT

アメリカのOpenAI社が開発。AI（人口知能）を活用したチャットサービスのこと。大量の機械学習により、会話の文脈を理解し、自然で関連性のある応答を生成することができる。テキスト作成、翻訳、プログラミングなど、さまざまな用途で使われている。

CMS

Content Management System（コンテンツマネジメントシステム）の略。HTMLやCSSなどの専門知識がなくても、Webサイトの管理や更新を行うことができるシステムとして人気。代表的なものに、WordPress（ワードプレス）がある。

CSS

Cascading Style Sheets（カスケーディングスタイルシート）の略。HTMLと組み合わせて使用することで、文字サイズや色の変更、背景の変更、行間の調節などデザイン面の編集、装飾ができる。

CTR

Click Through Rateの略で、「クリック率」と訳されている。クリック率は表示された回数のうち、何回クリックされたかという割合。SEOで考えると、自然検索で表示された回数のうち、何回がクリックされたかという割合になる。

Google Search Console

「グーグルサーチコンソール」と読む。Googleが提供する無料ツール。自社サイトがGoogleにどのように認識され、インデックスされているのかを確認できる。検索クエリ（ユーザーが検索したキーワード）ごとに、表示回数、クリック率、掲載順位なども確認可能。他にも検索トラフィック、クローラー状況、スパム状況などSEOに関するさまざまな情報をGoogleから取得できるため、SEOに取り組む際は必須のツールといえる。

Google広告

Google広告は、Googleが提供するリスティング広告のこと。検索結果にキーワードに応じた広告が表示される。クリックに応じて広告料金が変わるのでクリック課金型広告、PPC（Pay Per Cost）とも呼ばれる。Googleの検索結果だけでなく、Googleと提携するWebサイトやブログ等にも広告を掲載することができる。

Googleサジェスト

「提案する」「示唆する」というサジェスト（Suggest）の意味そのままに、Googleの検索窓にキーワードを入れたときに、次に入力するキーワードの候補が表示される機能のこと。Googleサジェストのキーワードを洗い出すことによって、SEOで対策すべきキーワードのヒントを得ることができる。

Googleビジネスプロフィール（旧Googleマイビジネス）

Googleが提供する無料の店舗情報サービスのこと。ビジネス情報を登録すると、自社の情報がGoogleの検

索結果やGoogleマップ等に表示されやすくなる。管理画面から集客情報を確認したり、独自のWebサイトを立ち上げることも可能。ローカルSEOに力を入れたい場合は、Googleビジネスプロフィールへの登録が有効な検討材料となる。

HTML

Hyper Text Markup Language（ハイパーテキストマークアップランゲージ）の略。Webページを作るためのマークアップ言語の1つ。ハイパーテキストとは、「ハイパーリンクを埋め込むことができる高機能なテキスト」という意味。ハイパーリンクを使えば、ページからページへのリンクが簡単に作れる。リンクが必要なインターネット上のWebサイトは、ハイパーテキストで作られていて、メインで使われているのが「HTML」になる。以前はWebサイト制作必須の知識だったが、制作ソフトやWordPress（ワードプレス）が登場して以降は、HTMLの知識がなくてもWebサイトを構築できるようになった。

Instagram検索

Instagramは、写真・動画などを使ったコミュニケーションを行うためのSNS。スマホネイティブを中心に、レストランやカフェ、観光地、グルメ、ファッションなどフォトジェニックな投稿が多いのも特徴。Instagram検索を使うと、キーワードやハッシュタグ、ロケーションなどを使って検索することができる。

MEO

Map Engine Optimization（地図エンジン最適化・マップ検索エンジン最適化）の略。Google検索した際に、地図情報が表示されることがあるが、このとき自社（自店舗）の表示を検索結果の上の方に表示させようという取り組みのこと。

nofollow

Google等の検索エンジンに対して、「このリンクをたどらないでください」と伝えるときに使うタグ。FacebookやXなどのSNSからのリンクはnofollowが設定されているので、自社サイトに対する被リンクの効果は期待ができない。ただしSNS経由での訪問者を増やすことにつながるので、SNSの利用も積極的に行いたい。

noindex

Google等の検索エンジンにインデックスされないようにしたいときに設定するタグのこと。Webページの中に「noindex」が記述されているURLは、基本的にはどんなキーワードで検索しても検索結果に表示されることがなくなる。使い方は、HTML内のheadタグのなかに、以下のタグを埋め込む。

```
<meta name="robots" content="noindex" />
```

RankBrain

Googleが取り入れたAI（人工知能）を使用した検索アルゴリズム。RankBrainはディープラーニング（深層学習）を行い、ユーザーが検索したキーワードの「検索意図」を自動解析し、ユーザーが欲している検索結果を表示する。

SEO

Search Engine Optimization（サーチエンジンオプティマイゼーション）」の略で、通常は「エスイーオー」と読む。「検索エンジン最適化」とも呼ばれる。特定のキーワードで、自社のWebサイトを検索結果の上位（1ページ目の上のほう）に表示させるためにはどうしたらよいかを考え、対策すること。

SSL暗号化通信

Secure Socket Layerの略で、インターネット上での通信を暗号化する技術のこと。これにより、データの盗聴、改ざん、なりすましなどの防御につながる。URLが「https://」から始まるWebサイトは、SSL導入済みの証。

URL検査ツール（旧Fetch as Google）

Google Search Consoleにて、新規作成したページ（URL）をGoogleのクローラーに知らせる機能。

WordPress

WordPress（ワードプレス）は、世界中で使われている無料のCMS。「HTMLやCSSなどの専門知識がなくてもWebサイトを更新可能」と言われ、ブログを更新するような感覚で操作できる。SEOに有利な構造をもっているので、WordPressでのWebサイト構築を検討したい。

X（旧Twitter）検索

Xは、140文字以内の投稿を共有できるSNSのこと。スマホネイティブを中心にXを検索エンジンのように利用するケースが増えている。検索されたいキーワードに「#（ハッシュタグ）」を付けて投稿すると効果的。

XMLサイトマップ

Webサイト内のURLを記述するXML形式のファイルのこと。通常のユーザー向けのサイトマップとは異なり、Googleのロボット（クローラー）向けに作成する。これによりロボットがWebサイトの構成や内容を理解しやすくなる。またGoogle Seach ConsoleにXMLサイトマップを登録することで、ロボットの巡回を促す効果もある。クローラビリティの向上のために、必ず作っておきたい。

Yahoo!ニュース

日本最大級のポータルサイト。Yahoo!ニュースに掲載されると多くの人の目に触れ、リンク経由で自社サイトへ訪問するユーザーも一瞬で急増する。掲載されるためには、編集部のスタッフの目に触れることが重要。コンテンツを作る際に、旬なテーマ、話題性のあるテーマ、ニュース性のあるテーマなども考えよう。作ったコンテンツが多くの人の目に触れるように、SNSで拡散するなどの努力も必要。

YouTube検索

世界最大の動画共有サイトYouTubeを検索エンジンとして使うユーザーが増えている。「〜の仕方」「〜の方法」などのノウハウ系の検索が多い。

あ

アルゴリズム

検索エンジンが検索順位（ランキング）を決めるためのルールのこと。Googleは多くの観点でWebサイトを評価し、ランキングに利用しているが、アルゴリズムの詳細はGoogleの社員でも一部の人しか知らないトップシークレットとされている。

アンカータグ

HTMLタグのひとつ。他のページへのリンクを張るときに使用する。記述例は以下の通り。

```
<a href="URL">アンカーテキスト</a>
```

URLのところに、リンクしたいページのURLを記述しし、アンカーテキストのところにリンク可能な文字列として表示したいテキストを記入する。

アンカーテキスト

アンカータグの設定の際にリンク可能な文字列として表示したテキストのこと。アンカーテキストで設定した文字列に下線が引かれ、クリック可能であることを表すのが一般的。アンカーテキストには、SEOのキーワードを含む具体的な文字列を設定しよう。

インデクサ

クローラー、インデクサ、サーチャーといった検索エンジンのロボットの1つ。インデクサは、クローラーが集めたサイト情報を、ページごとのキーワード、文章内容、文字数、画像、リンクの張られ方などを解析して整理し、Googleのデータベースに登録する。

オートコンプリート機能

検索のしやすさをサポートするための機能で、Googleにも搭載されている。検索窓や入力フォームにおいて、過去に入力した内容の記録等から、次に入力する内容を予測して表示してくれる機能のことを指す。

音声検索

声で話しかけることによって検索を行うこと。「〜を教えて」「〜はどこ？」「〜を調べて」などと質問すると、検索エンジンが最適な答えを探し、音声で答えてくれるというもの。スマートフォンの普及、家庭や職場におけるIoT製品の普及などによって、音声検索のシーンは増えることが期待されている。

か

外部リンク

ドメインの異なるWebサイト同士で張り合うリンクのことを「外部リンク」と呼ぶ。リンクが適切に張られているWebサイトは、Googleのロボットもスムーズに巡回することができる。ユーザーが必要なページにたどり着けるようにリンクを張ることが大事。

回遊率

ひとりのユーザーが1回の訪問で「何ページ見たか」を表す指標。回遊率を高めるためには、ただ単にリン

クを張れば良いわけではなく「ユーザーが次に見たいページはどこだろう？」と導線を考えたリンクを張ることが重要。また、コンテンツ自体に面白みがないと直帰してしまう可能性があるので、コンテンツの質を高めることも回遊率アップにつながる。回遊率が高まると1回の訪問でたくさんのページを見てもらうことができるので、その結果として信頼感を得て、問い合わせや購入などにつながりやすくなる。

クエリ

ユーザーが検索するときに入力した文言のこと。1語のみの単語の場合もあれば、複数語を組み合わせたフレーズの場合、または文章の場合もある。クエリ（query）とは、本来「質問」を意味し、インターネットという巨大なデータベースに対するユーザーからの質問という意味に取ることができる。Google Search Consoleを使うと、自社サイトへの訪問者の検索クエリを調べることができる。

クローラー

クローラー、インデクサ、サーチャーといった検索エンジンのロボットの1つ。世界中のWebサイトからHTMLソース、PDF・Wordなどのファイルリンク、画像、JavaScriptで生成されるリンクなどを対象として巡回、情報を収集。メインのクローラは「Googlebot」と呼ばれ、画像検索では「Googlebot-Image」、モバイル検索では「Googlebot-Mobile」など、さまざまなクローラーが世界中を日夜巡回し続けている。

クローラビリティ

Googleのロボット（クローラー）にとって、Webサイトの巡回しやすさを「クローラビリティ」と呼ぶ。クローラビリティを向上させるためには、リンクを適切に張っておくこと、Google Search ConsoleにXMLサイトマップを送信すること、パンくずリストなどクローラーの回遊を助ける取り組みが必要。クローラビリティを考えることは、SEOに直結する。

月間平均検索ボリューム

Google広告のヘルプページには、月間平均検索ボリュームの説明として「指定したターゲット設定と期間で、キーワードとその類似パターンが検索された平均回数です。デフォルトでは、12か月間の平均検索数が表示されます」とある。基本的には「そのキーワードが1か月間に何回検索されたか」と理解しておくとよい。月間平均検索ボリュームが多いということは、検索需要が高いということ。その分、競争の激しいキーワードの可能性も高まる。

コンテンツSEO

良質なコンテンツをWebサイトに掲載することによって、検索エンジンの順位を上げようという取り組み。その背景には、Googleがユーザーに役立つ良質なコンテンツを高く評価し、検索順位を決める際の評価ポイントの1つにしていることが挙げられる。ユーザーにとって役立つコンテンツを作ることが、検索順位（SEO）にとっても重要な取り組みであると認識し、コンテンツSEOに取り組むことが大切。

さ

サーチャー

クローラー、インデクサ、サーチャーといった検索エンジンのロボットの1つ。ユーザーが入力したキーワードと関連性が高いWebサイト、つまりユーザーにとって最適なWebサイトを探してくるのが役割。

自然検索

検索結果に表示されるサイトのうち、広告（リスティング広告）を除いて表示されるサイトのことを、自然な検索の結果として、「自然検索」と呼ぶ。オーガニック検索（Organic Search）とも呼称される。

スマートスピーカー

AI（人工知能）を搭載した対話型のスピーカーのこと。インターネット検索をしたり、家電を操作したりできる。「Google Home」「Amazon Echo」「Clova WAVE」「Apple HomePod」「Harman Kardon Invoke」などのスマートスピーカーが話題となり、音声検索のシーンはますます増えてくることが予想される。話しかけるだけという手軽な検索によって、検索機会が増え、会話文を反映した検索結果が表示されるといった変化が予測される。

スマホネイティブ

スマートフォンネイティブの略。スマートフォンが普及した社会で生まれ育った世代のことを指し、パソコンよりもスマートフォンの操作に慣れ、SNSを使ったコミュニケーションにも抵抗がないのが特徴。

生成AI

新しいコンテンツを生成するAIのこと。画像生成、テキスト生成、音声生成、動画生成など、さまざまな生成AIがある。生成AIにより作成されたコンテンツには、信頼性や倫理的な課題もまだあり、慎重な利用が求められる。Generative AI（ジェネレーティブAI）とも呼ばれる。

重複コンテンツ

内容が同じまたは重複部分が多いコンテンツのこと。重複コンテンツは低品質なコンテンツとみなされ、検索結果では順位が下がってしまう危険性がある。

動画SEO

動画コンテンツを作ることによって、検索結果の上位に表示させようとする取り組みのこと。Googleと親和性の高いYouTubeに動画をアップする際にタイトル、説明文、タグにキーワードを書き込むことが動画SEOの対策として取られている。

内部リンク

同一のWebサイト内で張り合うリンクのこと。内部リンクが適切に張られているWebサイトは、Googleのロボットがスムーズに巡回できる。またユーザーにとっても必要なページにたどり着きやすくなり、滞在率や回遊率を上げることにもつながる。

ナチュラルリンク

コンテンツに対して納得、満足したユーザーの張るリンクが最も価値のあるリンクという意味で、自発的・自然に張られるリンクのこと。自然リンク、オーガニックリンクなどと呼ぶこともある。

自分でたくさんのブログを作って自社サイトにリンクを張ったり、有料リンクを購入したりして張ったリンクは不自然であり、ナチュラルリンクとは呼べない。ユーザーにとって役に立つコンテンツ、有益でためになる記事や情報を発信していくのが王道。良質なコンテンツは必ずユーザーの目にとまり、良質なリンクの獲得につながる。

パーソナライズド検索

ユーザーごとに検索結果がカスタマイズされるというGoogleの機能のこと。Googleは特定のキーワードが検索された際に、ユーザーの位置情報、検索履歴、訪問したWebサイトなどの情報を参考にしている。

このような個人情報を利用されたくない場合は、ブラウザをシークレットモードやプライベートモードに設定するとよい。

ハッシュタグ

XやInstagramなどのSNSで使われる検索用のタグ。「#」の記号（ハッシュマーク）とキーワードを組み合わせて投稿する。ハッシュタグによって、検索をスムーズに行うことができたり、趣味や関心事が近いユーザー同士で情報を共有することができたりというメリットがある。

パンダアップデート

コアアップデートの一部であり、コンテンツの品質をチェックするアルゴリズム。日本は2012年7月に導入され、以降たびたび更新が行われている。具体的には「他社のWebサイトのコピペではないか」「同じ内容のページが複数存在していないか（重複コンテンツ）」「文字数が極端に少なく、ユーザーにとって役に立たないページではないか」といったコンテンツの品質をチェックする。

ビジュアルサーチ

画像を検索すること。Instagramなどの画像共有アプリで検索するユーザーは、画像での情報収集を目的としている。画像は直感的にわかりやすく、イメージしやすく、文字を読む必要がないため、ビジュアルサーチを好むユーザーが増えている。

ブラックハットSEO

ユーザーのことを考えず、検索順位を上げることだけを考えているSEOのこと。ユーザーの利便性を無視しているため、Googleからの評価を得ることはできない。ホワイトハットSEOを目指そう。

ベニスアップデート

ユーザーの位置情報を考慮した検索結果を表示するアルゴリズムのこと。例えば「ランチ」と検索した場合に、Googleはユーザーの位置情報を確認して、ユーザーがいる場所から近い「ランチ」の情報を検索結果に表示する。スマートフォンの普及によって、地域性のある検索が増えていく傾向にあり、ローカルSEOは注目を集めている。

ペンギンアップデート

コアアップデートの一部であり、リンクの品質をチェックするアルゴリズム。具体的には「低品質なWebサイトからの被リンクはないか」「有料のリンクを購入して大量のリンクを張っていないか」「自作自演の関連性のないWebサイトからリンクを張っていないか」といったリンクの品質をチェックする。

ホワイトハットSEO

Googleのウェブマスター向けガイドライン（品質に関するガイドライン）に準じ、ユーザーのことを第一に考えたWebサイト運営を行い、その結果として検索順位が上がってくるという王道のSEOのこと。

ま

モバイルファーストインデックス（MFI）

Googleが2018年3月に導入した、検索順位を決める際に、PC向けのWebサイトよりもモバイル向けのWebサイトを優先的に評価するという方針。

モバイルフレンドリー

モバイルフレンドリーとは、Webサイトを表示する際、スマートフォンなどのモバイル端末で表示したときにも「見やすく使いやすい」表示にしておくこと。

モバイルフレンドリーアップデート

2015年4月、Googleが実施したアルゴリズムのアップデート。モバイル機器で検索した際、モバイルフレンドリーになっているWebサイトの順位を引き上げた。注意すべきは、このアップデートはモバイル検索の結果だけに影響するという点。モバイルフレンドリーになっていないWebサイトは、モバイルでの順位だけは下がるが、PCでの順位には影響がない。とはいえGoogleがモバイルフレンドリーを重視している以上、

今後モバイルへの対応は必須と考えたほうが賢明。

ら

楽天市場のSEO

楽天市場で買い物をする人の6〜7割が楽天市場の検索エンジンを利用している。つまり、出店者は楽天市場での上位表示が売り上げに直結することになる。アルゴリズムは非公開だが、商品情報、販売個数なども重要視されている模様。楽天市場に出店するなら、楽天大学などで情報収集して対策を行うとよいだろう。

リスティング広告

GoogleやYahoo! JAPANなどの検索結果として表示される広告のこと。キーワードに対応して広告が切り替わるため「検索連動型広告」と呼ばれたり、クリックされた回数に応じて広告費用が変わることからPPC（Pay Per Click）広告とも呼ばれたりする。手続き完了直後から広告出稿ができる、入札制で予算をコントロールしやすいなどのメリットがあり、SEOと併用することで、集客の効率化を図ることができる。

レスポンシブデザイン

ユーザーの画面サイズやブラウザに応じて、Webページが適切な大きさに調整されるWebデザインのこと。例えば、スマートフォンとPCから同じページにアクセスした場合、自動的に適切な画面サイズに調整されて表示される。1つのページに対してレスポンシブデザインを施せば、デバイスごとにページを作り分ける必要がなく、ユーザビリティの向上につながる。

ローカルSEO

地域名での検索を重視した検索エンジン対策のこと。例えば「新宿　居酒屋」「神田　イタリアン」「池袋　映画」「英会話　大宮」などのように、検索の際に地域名を入れた場合に上位表示できるように、自社の住所、電話番号、サービス内容などをWebサイトに正しく記述しておくことが重要となる。さらに、Googleマイビジネスに登録することによって、ローカルSEOを進めやすくなる。

INDEX

著者プロフィール

福田多美子（ふくだたみこ）

株式会社グリーゼ 代表取締役社長

- Salesforce認定 Marketing Cloud Account Engagement コンサルタント（旧：Salesforce認定 Pardotコンサルタント）
- 英国CMI認定サステナビリティ（CSR）プラクティショナー

　群馬県出身、東京都在住。富士通系の子会社にてテクニカルライターとして金融系、流通系ソフトウェアのマニュアル開発に従事。

　2004年に株式会社グリーゼに入社。コンテンツマーケティングに関する業務を担当。

　著書は、「世界一やさしい Web ライティングの教科書 1年生」「SEOに強い Webライティング 売れる書き方の成功法則64」など、本書を含めて計5冊。

株式会社グリーゼ

　2000年12月設立。企業向けのWebマーケティング（コンテンツマーケティング）支援、サステナビリティ推進支援を行っている。

【本社】

〒103-0027

東京都中央区日本橋3-2-14

日本橋KNビル4F

http://gliese.co.jp/

おわりに

　本書を出版するにあたり、たくさんの方にご協力いただきました。心から感謝いたします。

事例紹介のご協力

　本書では、リアルな事例を複数ご紹介することができました。実際に稼働中のWebサイトを読者の方に見ていただくことによって、納得感も深まり、実在のWebサイトからたくさんのことを吸収していただけたのではないかと思います。

　事例でご紹介させていただいた企業様には、心から感謝申し上げます。

　事例のご協力、ありがとうございました。本書での掲載順にご紹介します。

群馬法科ビジネス専門学校

http://www.chuo.ac.jp/glc/

DCアーキテクト株式会社（薬事法広告研究所）

http://www.89ji.com/

株式会社ユニリタ

https://www.unirita.co.jp/

株式会社麻田（ココサブ）

https://www.cocosab.com/

有限会社スモーク・エース

https://www.smokeace.jp/

ドリームワン株式会社（不動産ホームページ集客ブログ）

https://dreamone.co.jp/

https://dreamone.co.jp/etc/blog_list/

イラスト担当者様

　執筆の途中で気づいたことがあります。「本書のアピールポイントは、イラスト」だということに。どんなに文章を書きなおしてもうまく伝えられなかったことが、イラストが入ることによってスーッと腑に落ち、わかりやすくなりました。

　私がパワーポイントに描いたラフな絵が、かわいいイラストに生まれ変わり、コミカルなコメントまで添えられ、実際にレイアウトされた紙面を見たとき、本を書くことはなんて楽しいことだろうと思いました。

　本書をめくりながら、イラストだけを見ていってください。イラストに書き込まれた吹き出しやコメントなどがなんとも秀逸です。

　植竹裕様、井上敬子様、ソーテック社のイラストご担当者さま、ありがとうございました。

ソーテック社の皆様

　第2版の出版に向けて、編集長の久保田賢二様には、企画、アイデア出しの段階から、編集、校正に至るまで、たいへんお世話になりました。

　なかなか筆が進まない私に、タイミングよくメールをくださり、やさしいお声がけと、的確なアドバイスをいただきました。

　長きにわたりお付き合いさせていただいておりますが、「よい本を作りたい」「困っている人の役に立ちたい」という「ソーテック魂」を感じます。ソーテック社から出版されるたくさんの書籍が、社会の役に立つことを期待しております。

　最後に、グリーゼに関わるすべての人に、感謝申し上げます。

2024年7月
株式会社グリーゼ　代表取締役社長
福田多美子（ふくだたみこ）

いちばんやさしい SEO 入門教室【改訂第2版】

2024年7月31日　初版　第1刷発行

著　　　　者	福田多美子・株式会社グリーゼ
装　　　　丁	植竹裕（UeDESIGN）
発　行　人	柳澤淳一
編　集　人	久保田賢二
発　行　所	株式会社ソーテック社
	〒102-0072　東京都千代田区飯田橋4-9-5　スギタビル4F
	電話（注文専用）03-3262-5320　FAX 03-3262-5326
印　刷　所	株式会社シナノ